공간정보융합
기능사 실기

KB200039

시대에듀

2025 시대에듀 공간정보융합기능사 실기 공부 끝

Always **with you**

사람의 인연은 길에서 우연하게 만나거나 함께 살아가는 것만을 의미하지는 않습니다.
책을 펴내는 출판사와 그 책을 읽는 독자의 만남도 소중한 인연입니다.
시대에듀는 항상 독자의 마음을 헤아리기 위해 노력하고 있습니다. 늘 독자와 함께하겠습니다.

저자 서동조

▶ 서울대학교 환경대학원, 공학박사
▶ 한국과학기술연구원 시스템공학연구소, 연구원
▶ 서울디지털대학교 컴퓨터공학과, 부교수
▶ 대한공간정보학회, 교육부회장
▶ 서울시 도시공간정보포럼, 운영위원장(2022~2023)
▶ NCS 공간정보융합서비스 학습모듈, 저자
▶ 한국형 온라인 공개강좌(K-MOOC) 책임운영교수
  – 도전! 공간정보융합기능사 자격증(2023)
  – 도전! 공간정보융합기능사 실기 : QGIS로 마스터하기(2024)

서울대학교 환경대학원에서 박사학위를 취득하였으며, 2001년부터 서울디지털대학교 컴퓨터공학과에서 프로그래밍과 공간정보 관련 강의를 담당하고 있다. 공간정보융합서비스 NCS 학습모듈 저자로 참여하였으며, 대한공간정보학회 상임이사 및 서울시 도시공간정보포럼 운영위원장을 맡았다. 지은 책으로는 『도시정보와 GIS』(1999), 『도시의 계획과 관리를 위한 공간정보활용 GIS』(2010), 『경영 빅데이터 분석』(2014), 『고등학교 위성영상처리』(2015), 『공간정보학』(2016), 『공간정보학 실습』(2016), 『알기 쉬운 공간정보 용어해설집』(2016), 『공간정보 용어사전』(2016) 등이 있다.

저자 주용진

▶ 인하대학교 지리정보공학 전공, 공학박사
▶ 인하공업전문대학 공간정보빅데이터과, 교수
▶ California State University, Fresno, 교환교수
▶ 대한공간정보학회, 상임이사
▶ 국토교통부 국가공간정보위원회, 전문위원
▶ 한국표준협회 자율주행차 표준화 분과위원
▶ NCS 공간정보융합서비스 학습모듈, 대표저자

인하대학교 지리정보공학과에서 박사학위를 취득하였으며, 2012년부터 인하공업전문대학 공간정보빅데이터과에서 빅데이터와 소프트웨어 개발 분야 강의를 담당하고 있다. 공간정보융합서비스 NCS 개발과 학습모듈 대표저자로 집필에 참여하였으며, 대한공간정보학회 편집위원과 상임이사를 역임하고 있다. 지은 책으로는 『공간정보 웹 프로그래밍』(2016), 『공간정보 자바프로그래밍』(2015), 『공간정보학』(2016), 『공간정보학 실습』(2016) 등이 있다.

저자 김은경

▶ 서울대학교, 지리학박사
▶ 측량 및 지형공간정보 기술사
▶ 지오매직 주식회사, 대표이사
▶ 서울디지털대학교 컴퓨터공학과, 겸임교수
▶ K-MOOC '도전! 공간정보융합기능사' 교수
▶ 한국형 온라인 공개강좌(K-MOOC) 교수
  – 도전! 공간정보융합기능사 자격증(2023)
  – 도전! 공간정보융합기능사 실기 : QGIS로 마스터하기(2024)
▶ 대한공간정보학회, 이사

서울대학교 지리학과에서 박사학위를 취득하였고, 공간정보 분야 실무를 겸하여 측량 및 지형공간정보기술사를 획득하였다. 교육부 K-MOOC의 '도전! 공간정보융합기능사' 강의를 담당하고 있으며, 중앙부처 및 지자체의 공간정보, 국토, 재난안전 등에 관련한 정책 연구를 수행하고 있다.

머리말 PREFACE

이 책은 공간정보융합기능사 시험을 준비하는 초심자들을 위한 책입니다. 2023년 처음 시행된 공간정보융합기능사 시험은 아직 데이터가 많지 않아 많은 수험생들이 어려움을 겪고 있습니다. 따라서 본 수험서는 공간정보융합기능사 시험을 준비하는 초심자들이 여러 기본서를 보지 않고 이 한 권으로 공간정보융합기능사 시험을 완벽하게 준비할 수 있도록 구성하였습니다.

공간정보융합기능사 시험은 공간정보를 수집·편집·처리·가공·분석하고, 이를 활용하여 융합 콘텐츠 및 서비스를 개발·구현하기 위한 공간정보 분석, 공간정보서비스 프로그래밍, 공간정보 융합 콘텐츠 개발 과목으로 구성되어 있고 필기시험 및 실기시험 문제는 NCS 기반의 이론과 문제들을 기준으로 출제되고 있습니다.

다년간 공간정보 관련 과목을 강의한 경험과 실무 경험을 토대로 수험생들에게 꼭 필요한 핵심 이론과 문제를 정리하였습니다. NCS의 공간정보융합서비스 분야에 해당하는 기출문제를 반영하여 '기출유형 완성하기'로 선정하였으며, 필수 이론을 '족집게 과외'로 이해하기 쉽게 정리하여 공간정보융합서비스 분야의 이론과 내용에 익숙하지 않은 수험생들도 짧은 시간 동안 쉽게 학습할 수 있을 것으로 생각됩니다.

"공간정보융합기능사 실기 공부 끝" 도서는 실전 대비를 위해 촘촘하게 준비하였으니 책에서 배운 내용을 응용하여 문제를 많이 풀어보길 바랍니다. 독자 여러분께 좋은 성과가 있기를 기원합니다.

저자 서동조, 주용진, 김은경

이 책의 구성과 특징

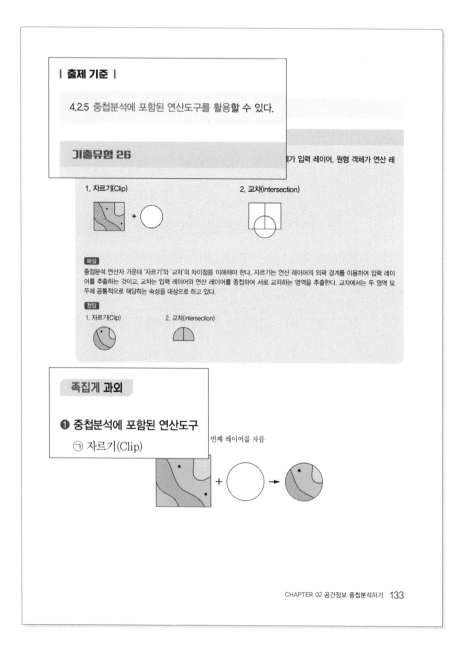

대표 기출유형과 족집게 과외

공간정보융합기능사 실기 출제기준안에 맞춰서 각 파트별 총 53개의 기출유형으로 분류하여 구성하였습니다. 시험에 꼭 필요한 이론과 그림으로 구성된 족집게 과외를 통해 핵심만 쉽게 공부할 수 있습니다.

기출유형 완성하기

01 폴리곤 레이어에 존재하는 공유경계의 편집을 위해 공간분석 소프트웨어에서 제공하는 위상편집작업 기능을 활성화 시킬 수 있다. 이를 통해 어떠한 작업이 가능해지는가?

해설

공유경계 탐지에 따라 폴리곤의 경계가 갱신되는 위상편집이 가능해진다.

정답

• 공간분석 소프트웨어에서 제공하는 공유경계 편집 기능은 폴리곤의 공유경계를 '탐지(Detect)' 할 수 있기 때문에 한 폴리곤 경계의 가장자리 꼭짓점(Edge Vertex)을 움직이기만 해도 다른 폴리곤 경계들을 갱신할 수 있다.
• 기존의 폴리곤에 대해서도 공유경계 편집 기능을 활성화하고 두 번째 인접 폴리곤을 디지타이즈하면, 두 폴리곤이 중첩되더라도 두 번째 폴리곤을 공통 경계로 하여 갱신한다.

02 QGIS는 벡터 데이터의 편집 작업에서 '꼭짓점 도구(모든 레이어)'와 '꼭짓점 도구(현재 레이어)'의 기능을 제공하고 있다. 이들의 차이점은 무엇인가?

해설

공간분석 소프트웨어인 QGIS에서 제공하는 데이터의 수정 기능(   )용해서 객체들을 수정할 수 있는지 그 기능에 대한 물음이다.

정답

데이터의 수정 기능

• '꼭짓점 도구(현재 레이어)'는 활성화된 레이어에 있는 벡터 객(
• '꼭짓점 도구(모든 레이어)'는 편집 가능한 레이어에 있는 모든

같은 유형의 문제를 모아 기출유형 완성하기

많은 문제를 푸는 것보다 중요한 것은 한 문제를 정확히 파악하고 이해하는 것입니다. 빈틈없는 학습이 가능하도록 같은 유형의 기출유형문제를 모아 수록했습니다. 또한, 기출유형문제에는 자세하고 꼼꼼한 해설을 수록하여 공간정보융합서비스 이론에 익숙하지 않아도 충분히 이해하고 넘어갈 수 있습니다.

시험안내

◇ **공간정보융합기능사란**

4차산업혁명에 따라 정보의 중요성이 증가하고 있으며, 대부분의 정보가 '위치정보'를 포함한다는 점에서 '공간정보'가 다양한 정보를 연결하는 사이버 인프라 역할을 하고 있다. 이에 다양한 공간정보를 취득·관리·활용하고, 부가가치를 창출할 수 있는 공간정보융합전문가 확보의 중요성이 증가함에 따라 해당 분야 전문 인력 양성을 위해 자격이 제정되었다.

◇ **수행직무**

공간정보 기반의 의사결정과 콘텐츠 융합에 필요한 정보 서비스를 제공하기 위해 공간정보 데이터를 수집·가공·분석한다.

◇ **검정방법**

구분	문항 및 시험방법	시험 시간	합격 기준
필기	공간정보 자료수집 및 가공, 분석 (객관식 4지 택일형 60문항)	1시간	100점 만점 60점 이상
실기	공간정보융합 실무 (필답형)	2시간	

◇ **기본 정보**

구분	내용
응시자격	제한 없음
응시료	필기 14,500원 / 실기 17,200원

◇ 시험 일정(2025년 기준)

구분	필기시험접수	필기시험	합격(예정)자 발표	실기시험접수	실기시험	최종 합격자 발표
제1회	01.06~01.09	01.21~01.25	02.06	02.10~02.13	03.15~04.02	1차 : 04.11 2차 : 04.18
제2회	03.17~03.21	04.05~04.10	04.16	04.21~04.24	05.31~06.15	1차 : 06.27 2차 : 07.04
제3회	06.09~06.12	06.28~07.03	07.16	07.28~07.31	08.30~09.17	1차 : 09.26 2차 : 09.30
제4회	08.25~08.28	09.20~09.25	10.15	10.20~10.23	11.22~12.10	1차 : 12.19 2차 : 12.24

◇ 자격 취득 절차

❶ 원서 접수

검정센터 홈페이지 원서접수신청을 통해 수험원서를 접수한 후 검정수수료를 납부합니다.

❷ 수험표 발급

검정센터에서 공시한 날짜부터 검정센터 홈페이지를 통해 시험 응시확인 및 출력할 수 있습니다.

❸ 시험 응시

검정센터가 공고하는 일정 및 장소에서 자격검정시험을 치르게 됩니다.

❹ 합격 여부 확인

검정센터가 공시한 합격자 발표일에 홈페이지를 통해 발표됩니다.

❖ 위 사항은 시행처인 한국산업인력공단에 게시된 국가자격 종목별 상세정보를 바탕으로 작성되었습니다. 시험 전 최신 공고사항을 반드시 확인하시기 바랍니다.

PART 01
공간정보 자료수집

공간정보융합기능사 실기

01 요구데이터 검토하기

| 출제 기준 |

1.1.1 공간정보서비스를 제공하기 위해 필요한 데이터 수집 요구사항을 확인할 수 있다.
1.1.2 요구사항을 바탕으로 수집할 데이터 특성을 정의할 수 있다.

기출유형 01

공간데이터의 도형정보와 속성정보에 대해서 설명하시오.

해설
- 도형 데이터와 속성 데이터로 구성
- 데이터는 현실 세계에서 측정하고 수집한 사실이나 값이고, 정보는 어떠한 목적이나 의도에 맞게 데이터를 가공 처리함

정답
- 도형정보 : 형상 또는 대상물의 위치에 관한 데이터를 기반으로 지도 또는 그림으로 표현하는 정보
  - 예 지표 · 지하 · 지상의 토지 및 구조물의 위치, 높이, 형상 등으로 지형, 도로, 건물, 지적, 행정 경계 등 포함
- 속성정보 : 형상의 자연, 인문, 사회, 행정, 경제, 환경적 특성과 연계하여 제공할 수 있는 정보
  - 예 공시지가, 토지대장, 인구의 수 등 포함

족집게 과외

❶ 공간 데이터 확인하기

㉠ 공간정보의 개념
- 지도 및 지도 위에 표현할 수 있도록 위치, 분포 등을 알 수 있는 모든 정보
- 일상생활이나 특정한 상황에서 행동이나 태도를 결정하는 중요한 기초 정보와 기준 제시
  - 예 지형과 도로 같은 지리적 정보, 재산 관계에 관한 정보, 자원에 대한 정보 등

㉡ 데이터 형태에 따른 분류
- 도형 데이터와 속성 데이터로 구성
- 데이터는 현실 세계에서 측정하고 수집한 사실이나 값이고, 정보는 어떠한 목적이나 의도에 맞게 데이터를 가공 처리한 것
  - 도형정보 : 형상 또는 대상물의 위치에 관한 데이터를 기반으로 지도 또는 그림으로 표현되는 경우가 많음
    - 예 지표, 지하, 지상의 토지 및 구조물의 위치, 높이, 형상 등으로 지형, 도로, 건물, 지적, 행정 경계 등 포함
  - 속성정보 : 형상의 자연, 인문, 사회, 행정, 경제, 환경적 특성과 연계하여 제공할 수 있는 정보
    - 예 공시지가, 토지대장, 인구의 수 등 포함

ⓒ 공간정보서비스

공간정보를 생산, 관리, 유통 등에 활용하거나 다른 정보기술과 융합한 시스템을 구축하고 이를 기반으로 관련 서비스를 제공하는 일련의 산업을 공간정보산업이라고 하며, 관련 서비스 산업으로 급부상하면서 해당 시스템을 구축하여 제공하는 서비스를 의미

ⓔ 요구사항 확인하기

• 사용자 요구사항 : 시스템의 목적, 주어진 환경과 제한조건, 변경의 유효성과 적합성의 관점에서 시스템의 기대사항을 정의하는 사실 및 가정을 서술
• 기능 요구사항 : 반드시 구현되어야 할 필수적인 작업과 동작 등을 정의, 어떤 기능이 구현되어야 하는지 설명
• 비기능 요구사항 : 특정 기능보다는 전체 시스템의 동작을 평가하는 척도 정의
• 성능 요구사항 : 어떤 기능이 동작해야 하는 한계를 정의

ⓜ 요구사항 개발 프로세스

요구사항 도출 → 요구사항 분석 → 요구사항 명세 → 요구사항 확인

요구사항 도출 (Requirements Elicitation)	• 요구사항 소스(Requirements Source) • 도출 기법(Elicitation Techniques)
요구사항 분석 (Requirements Analysis)	• 요구사항 분류(Requirements Classification) • 개념 모델링(Conceptual Modeling) • 기술 구조 설계 및 요구사항 할당(Architectural Design and Requirements Allocation) • 요구사항 협상(Requirements Negotiation) • 정형 분석(Formal Analysis)
요구사항 명세 (Requirements Specification)	• 시스템 정의서(System Definition Document) • 시스템 요구사항 명세서(System Requirements Specification) • 소프트웨어 요구사항 명세서(Software Requirements Specification)
요구사항 확인 (Requirements Validation)	• 검토(Review) • 프로토타이핑(Prototyping) • 모델 검증(Model Validation) • 인수 테스트(Acceptance Tests)

출처 : 교육부(2016), 「공간정보서비스 시스템 설계(LM1402030402_21v2)」, 한국직업능력개발원. p.5

ⓗ 요구사항 도출 기법

인터뷰, 시나리오, 프로토타입, 그룹회의, 관찰, 사용자 스토리 등

ⓢ 공간정보 관점의 요구사항 확인

• 공간정보 요구사항은 일반적인 요구사항 분석 프로세스에서 발생하는 일련의 과정 중 한 부분이 공간정보라는 항목이며, 공간정보만의 요구사항 프로세스를 별도로 정의하여 사용하지 않아도 됨
• 공간정보를 사용하는 기능에 대한 요구사항을 도출할 때는 해당 기능을 구현하기 위해 필요한 공간정보로는 어떤 것이 있는지, 해당 공간정보를 수집하여 어떻게 활용할 수 있는지, 관련 공간정보의 특징으로는 어떤 것들이 있는지 등을 확인할 필요가 있음
• 필요한 기능을 구현하기 위해서 공간정보가 부족할 경우에는 연계 및 활용할 수 있는 주변 시스템으로는 어떤 것들이 있는지, 어떤 기술을 적용해야 활용할 수 있는지 등에 대한 관련 기술 요소를 도출할 수 있어야 함

사업 유형을 가정하여 적용할 수 있는 요구사항은 무엇인지 파악하고 요구사항을 구체화 해본다.
- 요구사항별 매칭표 작성
- 요구사항 분류 요약
- 요구사항별 내용 작성 : 요구사항 분류, 요구사항 고유번호, 요구사항 명칭, 요구사항 상세 설명, 산출 정보, 관련 요구사항, 요구사항 출처 등
  - 공공정보화 사업 유형별 제안요청서 작성 가이드는 나라장터 자료실에서 다운로드 가능
  - 제공되는 제안요청서 표준 템플릿으로 정보시스템 개발 및 공간정보 DB 구축 등이 있으며, 다양한 제안요청서를 참고할 수 있음

Tip　　수집한 공간 데이터 현황을 확인하여 요구사항 부합성 확인하기

- 공간 데이터 수집계획
  요구사항을 수용하기 위한 공간 데이터의 보유 기관, 확보 절차 등을 확인하여 공간 데이터 수집 계획을 수립
  📖 기관, 담당자, 자료 형태, 제공 가능 여부 등
- 데이터 검토
  공간 데이터 조회 도구를 활용하여 수집한 공간 데이터의 현황(도형 및 속성) 정보를 조회하여 기능 요구사항을 수용할 수 있는 데이터인지, 속성 질의를 통해 요구사항을 수용할 수 있는 데이터인지, 수집한 공간 데이터에서 요구사항에 부합하는 항목을 추출하여 별도 데이터로 구성해야 하는지 등을 검토
- 자료 제공 및 서비스 검토
  - 자료 인수를 통한 데이터 구축 또는 데이터 연계 등 공간 데이터의 성격 및 현황과 시스템 현황에 맞게 자료 제공 및 서비스 방법을 검토
  - 행정구역별 필지 개수를 구하는 기능이 요구사항으로 도출되었다고 가정하고 활용할 수 있는 데이터가 지번 데이터일 경우에는 지번 데이터에서 행정구역 내용이 속성정보에 필드로 구분되어 명시되어 있지 않으나 PNU의 값으로 추적하여 활용할 수 있음
- 행정구역별 필지 개수를 도출하고자 한다면 PNU에서 코드 자릿수를 계산하여 해당 코드별로 필터링하여 속성 질의를 통해 결과를 획득할 수 있음
- 데이터 갱신에 따른 공간 데이터 업데이트의 경우 갱신 주기와 방법 등에 따라 연계 또는 직접 구축 등으로 데이터의 최신성 확보를 고려해야 함

❷ 공간 데이터 특성 확인하기

㉠ 요구사항에 의해 수집된 공간정보 데이터의 속성정보를 확인
㉡ 데이터가 가지고 있는 메타 데이터를 확인
㉢ 메타 데이터는 데이터의 데이터
㉣ 항목
- 공간 데이터 형식(래스터 또는 벡터)
- 투영법 및 좌표계
- 데이터의 공간적 범위
- 데이터 생산자
- 원 데이터의 축척
- 데이터 생성 시간
- 데이터 수집 방법
- 데이터베이스(속성정보)의 열 이름과 그 값들
- 데이터 품질(오류 및 오류에 대한 기록)
- 데이터 수집에 사용된 도구(장비)의 정확도와 정밀도

면적	홈페이◆	연락처	생성일	경도	위도
476.000000000...	lib.guro.go.kr/d...	830-5807	NULL	126.890114699...	37.4872202000...
0	lib.sen.go.kr/lib...	NULL	NULL	126.981375400...	37.5526641000...
273.800000000...	www.e-junggul...	02-2280-8520	NULL	127.009296699...	37.5490198000...
6526.00000000...	www.nowonlib.kr	02-950-0029	NULL	127.064176599...	37.6609272000...
0	lib.sen.go.kr/lib...	NULL	NULL	127.067120099...	37.6401198000...
28099.0000000...	www.nanet.go...	NULL	NULL	126.915446299...	37.5310184000...
450.000000000...	library.gangna...	02-3443-7650	NULL	127.037253800...	37.5172967000...
707.000000000...	library.gangna...	02-515-1178	NULL	127.029322399...	37.5138831000...
1945.85999999...	www.dllib.or.kr	02-2670-4165	NULL	126.896113400...	37.5043063999...
276.000000000...	개설중	02-3492-0078	NULL	127.042892499...	37.6830061000...
3111.00000000...	http:dobonglib...	02-900-1835	NULL	127.043992399...	37.6446234000...
1446.00000000...	http:www.kidlib...	02-995-4171	NULL	127.049525200...	37.6590604000...
3094.00000000...	www.l4d.or.kr	NULL	NULL	127.047071700...	37.5897124999...
0	lib.sen.go.kr/lib...	NULL	NULL	127.024441600...	37.5734481000...
0	lib.sen.go.kr/lib...	NULL	NULL	126.940186199...	37.5059410000...
525.000000000...	lib.dongjak.go...	02-813-6750	NULL	126.951015400...	37.5068307000...
444.000000000...	lib.dongjak.go.kr	NULL	NULL	126.943507600...	37.5092470000...
0	lib.sen.go.kr/lib...	NULL	NULL	126.924260099...	37.5542748000...
0	lib.sen.go.kr/lib...	NULL	NULL	126.957250900...	37.5538813000...
321.000000000...	www.mslib.or.kr/	NULL	NULL	127.146285700...	37.5469101999...
461.000000000...	lib.yangcheon...	2652-8910	NULL	126.884547699...	37.5380496000...

▲ 공간정보 데이터의 속성정보 예시

01 공간정보 데이터 요구사항 개발 프로세스를 설명하시오.

해설

일반적인 요구사항 분석 프로세스에서 발생하는 일련의 과정 중 한 부분이 공간정보라는 항목이며, 공간정보만의 요구사항 프로세스를 별도로 정의하여 사용하지 않아도 된다.

정답

요구사항 개발 프로세스

요구사항 도출 (Requirements Elicitation)	• 요구사항 소스(Requirements Source) • 도출 기법(Elicitation Techniques)
요구사항 분석 (Requirements Analysis)	• 요구사항 분류(Requirements Classification) • 개념 모델링(Conceptual Modeling) • 기술 구조 설계 및 요구사항 할당(Architectural Design and Requirements Allocation) • 요구사항 협상(Requirements Negotiation) • 정형 분석(Formal Analysis)
요구사항 명세 (Requirements Specification)	• 시스템 정의서(System Definition Document) • 시스템 요구사항 명세서(System Requirements Specification) • 소프트웨어 요구사항 명세서(Software Requirements Specification)
요구사항 확인 (Requirements Validation)	• 검토(Review) • 프로토타이핑(Prototyping) • 모델 검증(Model Validation) • 인수 테스트(Acceptance Tests)

02 보기의 괄호 안에 들어갈 용어를 쓰시오.

> (㉠) : 지표, 지하, 지상의 토지 및 구조물의 위치, 높이, 형상, 지형, 도로, 건물, 지적, 행정 경계 등 포함
> (㉡) : 형상의 자연, 인문, 사회, 행정, 경제, 환경적 특성과 연계하여 제공할 수 있는 정보, 공시지가, 토지대장, 인구의 수 등 포함

해설
- 도형정보 : 형상 또는 대상물의 위치에 관한 데이터를 기반으로 지도 또는 그림으로 표현
  예 지표, 지하, 지상의 토지 및 구조물의 위치, 높이, 형상 등으로 지형, 도로, 건물, 지적, 행정 경계 등 포함
- 속성정보 : 형상의 자연, 인문, 사회, 행정, 경제, 환경적 특성과 연계하여 제공할 수 있는 정보
  예 공시지가, 토지대장, 인구의 수 등 포함

정답 ㉠ : 도형정보, ㉡ : 속성정보

03 수집한 공간 데이터를 바탕으로 요구사항 부합성을 확인하는 방법에 대해 설명하시오.

해설
- 공간 데이터 수집계획
  요구사항을 수용하기 위한 공간 데이터의 보유 기관, 확보 절차 등을 확인하여 공간 데이터 수집계획을 수립한다.
  예 기관, 담당자, 자료 형태, 제공 가능 여부 등
- 데이터 검토
  공간 데이터 조회 도구를 활용하여 수집한 공간 데이터의 현황(도형 및 속성) 정보를 조회하여 기능 요구사항을 수용할 수 있는 데이터인지, 속성 질의를 통해 요구사항을 수용할 수 있는 데이터인지, 수집한 공간 데이터에서 요구사항에 부합하는 항목을 추출하여 별도 데이터로 구성해야 하는지 등을 검토한다.
- 자료 제공 및 서비스 검토
  자료 인수를 통한 데이터 구축 또는 데이터 연계 등 공간 데이터의 성격 및 현황과 시스템 현황에 맞게 자료 제공 및 서비스 방법을 검토한다.
- 데이터 갱신에 따른 공간 데이터 업데이트의 경우 갱신 주기와 방법 등에 따라 연계 또는 직접 구축 등으로 데이터의 최신성 확보를 고려해야 한다.

02 자료수집 및 검증하기

| 출제 기준 |

1.2.1 공간정보 자료를 수집할 원천을 선정할 수 있다.
1.2.2 자료의 수집 원천에 따라 요구되는 자료수집 기법을 적용하여 공간정보 자료를 획득하고 저장할 수 있다.
1.2.3 수집된 공간정보 자료의 무결성을 검증할 수 있다.

기출유형 02

공간정보 무결성 검증 방법을 설명하시오.

해설

여러 가지 이유로 인해 정확하게 일치해야 하는 공간 데이터가 서로 정렬되지 않아 서로 다른 위치에 표현되는 경우 발생
• 일반적인 공간 데이터 정렬 문제 및 원인
  – 지리좌표체계가 서로 다른 데이터
  – 좌표체계가 누락되어 있는 데이터
  – 실세계의 지리적 위치 참조가 되지 않은 데이터
  – 좌표체계 정보가 동일하지만, 데이터가 정렬되지 않음
• 지리적 참조가 필요한 데이터
  – 공간위치 보정
  – 캐드 데이터와 좌표체계가 없는 이미지 또는 래스터 데이터
  – 유효한 공간 참조가 없어지므로, 지리적으로 투영할 수 없음
  – 변위 링크를 추가하여 보정하거나 좌표체계 파일 업데이터를 통해 공간 위치를 보정함

족집게 **과외**

❶ **공간정보 자료 수집 원천 선정하기**

  ㉠ 공간정보 관련 및 학회 사이트
  ㉡ 시장조사 정부 기관 보고서
  ㉢ 신문 및 전문지
  ㉣ 기업 사업 보고서
  ㉤ 공간정보 관련 국내외 통계조사 보고서
  ㉥ 공간정보 기술 및 서비스에 관한 기술 서적

ⓐ 공간정보 관련 산업 및 경쟁업체 현황 자료
- 국내외 기술동향 조사
- 수집 자료 정리
  - 시간에 따른 정리 : 수집된 자료를 시간 순서대로 배열하고 정리하여 현재 사실에 대한 근거가 과거의 자료로 설명하게 할 수 있으며, 예측 자료에 대해서도 신뢰성 있는 근거가 될 수 있음
  - 기술요소에 따른 정리 : 조사 수집된 자료를 작은 주제나 세부 기술 요소로 나누어 정리하거나, 큰 주제 또는 개념 설명과 이해가 필요할 때 구성 요소를 분리해서 살펴보면 이해하기 쉽고 깊이 있게 분석할 수 있음 (구성 요소를 이해하고 나면 큰 주제에 대한 이해도를 높이는 데 도움이 됨)
  - 연관성에 따른 정리 : 연관성 기술 순서에 따라 정리해 보는 방법
    예 LBS 서비스에 관한 자료를 정리할 때 GPS와 전자지도와의 연관성을 확인하고, 하나의 복합 기술과 필수 기술들과의 연관성을 설명
ⓞ 외부환경 분석

❷ **공간정보 자료 획득 및 저장하기**
㉠ 구축 기관별 공간정보 데이터의 구성 확인하기
㉡ 국토교통부, 국토지리정보원, 해양 조사원 등 공간정보 구축 기관별 데이터 확인
㉢ 국가공간정보센터 운영세부규정 [별표1] 국가공간정보 수집목록 및 방법

관련부처	부동산관련 자료명	관련시스템	수 집 방 법		주기
			On Line	Off Line	
국토교통부	건축물대장	부동산종합공부시스템	○	–	실시간
	개별공시지가		○	–	
	개별주택가격		○	–	
	공동주택가격	한국감정원	○	–	연 2회
	실거래가격정보	부동산거래관리시스템	○	–	월
	토지(임야)대장정보	부동산종합공부시스템	○	–	실시간
	비법인정보		○	–	
	개발부담금	한국토지정보시스템	○	–	
	부동산중개업		○	–	
	토지거래허가		○	–	
	부동산개발업		○	–	
	공인중개사관리		○	–	
행정자치부	주민등록정보	주민전산시스템	○	–	월

관련부처	부동산관련 자료명	관련시스템	수 집 방 법		주기
			On Line	Off Line	
국토지리정보원	수치지형도(Ver1.0) 1:25,000	–	–	○	필요시
	수치지형도(Ver1.0) 1:5,000	–	–	○	
국토지리정보원 /지자체	수치지형도(Ver1.0) 1:2,500	–	–	○	
	수치지형도(Ver1.0) 1:1,000	–	–	○	
국토지리정보원	수치지형도(Ver2.0) 1:5,000	–	–	○	
	수치지형도(Ver2.0) 1:1,000	–	–	○	
	지세도 1:250,000	–	–	○	
	토지이용현황도	–	–	○	
	토지특성도 1:1,000	–	–	○	
	토지특성도 1:5,000	–	–	○	
	연안해역기본도	–	–	○	
제주도	경관등급도(보전지역)	–	–	○	
	생태등급도(보전지역)	–	–	○	
	절대상대보전(보전지역)	–	–	○	
	지하수등급도(보전지역)	–	–	○	
광주광역시	도로망도	–	–	○	필요시
	도시계획도	–	–	○	
	행정경계도	–	–	○	
강원도	관광	–	–	○	
	도로교통	–	–	○	
	문화재	–	–	○	
	산림	–	–	○	
산림청/대전광역시	임도망도	–	–	○	
산림청/대전광역시/ 국토교통부	임상도	산림공간정보포털시스템	○	–	10년
대전광역시	임소반도	–	–	○	필요시
산림청/대전광역시	산림이용기본도 (산지구분도)	–	–	○	
산림청	산림입지토양도	–	–	○	
한국수자원공사	광역수문지질도	–	–	○	
	정밀수문지질도	–	–	○	
국립농업과학원	정밀토양도	–	–	○	

관련부처	부동산관련 자료명	관련시스템	수집방법 On Line	수집방법 Off Line	주기
환경부	토지피복분류도	–	–	○	필요시
	생태자연도	–	–	○	
	국토환경영향평가 지도 1:25,000	–	–	○	
	국토환경영향평가 지도 1:50,000	–	–	○	
산림청	산사태위험지도	–	–	○	
한국국토정보공사	연속지적(샘플)	–	–	○	
행정자치부	도로명주소전자지도	–	–	○	
국립해양조사원	해수욕장정보도	–	–	○	
해양연구원	천리안위성영상	–	–	○	
국토교통부	연속지적도	국토정보시스템	○	–	매월
	용도지역지구도		○	–	
	행정구역도(법정동경계)		○	–	
천안시/삼아항업(주) /국토지리정보원	정사영상	국토공간영상정보시스템	–	○	2년
한국토지주택공사	택지정보	택지정보시스템	○	–	매년
	사업지구		○	–	
국토교통부	도시계획	도시계획정보시스템	○	–	매월
	보행우선구역	보행우선구역관리시스템		–	미갱신
	국가교통정보	국가교통정보센터	○	–	필요시
국토연구원	산업입지	산업입지정보시스템	○	–	매년
산림청	등산로	숲에ON산림휴양포털	○	–	매월
국토지리정보원	국가지명	국가지명관리시스템	○	–	매년
국립해양조사원	연안재해취약성평가	연안재해취약성평가시스템	○	–	5~10년
국립해양조사원	해안선	종합해양정보시스템	○	–	매년
한강홍수통제소	하천정보	수치지도관리시스템	○	–	
경찰청	교통CCTV	중앙교통정보시스템	○	–	
소방방재청	소방서관할구역	긴급구조시스템	○	–	
국립환경과학원	물환경정보	물환경정보시스템	○	–	
한국농어촌공사	농업기반시설	농업기반시설관리시스템	○	–	
국토교통부	개발제한구역	개발제한구역정보	○	–	
국토교통부	도시계획정보	도시계획정보시스템	○	–	매월

관련부처	부동산관련 자료명	관련시스템	수 집 방 법		주기
			On Line	Off Line	
국립산림과학원	산불위험정보	산불위험예보시스템	○	–	매년
한강홍수통제소	수자원종합정보	–	–	○	필요시
소방방재청	지진대피소정보	지진재해대응시스템	○	–	매년
국토교통부	지하수정보	토양지하수정보시스템	–	–	미갱신
해양수산부	연안정보	연안관리정보시스템	○	–	매년
해양수산부	갯벌정보	갯벌정보시스템	○	–	
문화재청	문화재	문화재지리정보시스템	○	–	
한국농어촌공사	농지종합정보	농지종합정보시스템	○	–	
국립농업과학원	토양환경정보	토양환경정보시스템	○	–	
환경부	환경지리정보	환경지리정보시스템	○	–	필요시
산림청	산지정보	산지정보시스템	○	–	매월
(주)BizGIS	주거인구	–	–	○	필요시
	아파트	–	–	○	
	빌라	–	–	○	
	추정소득분위	–	–	○	
	직장인구	–	–	○	
	벤처기업	–	–	○	
	수출입기업	–	–	○	
	코스닥상장기업	–	–	○	
	외국인투자기업	–	–	○	
	외부감사기업	–	–	○	
	1000대기업	–	–	○	
	은행	–	–	○	
	어린이집	–	–	○	
	유치원	–	–	○	
	초등학교	–	–	○	
	중학교	–	–	○	
	고등학교	–	–	○	
	대학교	–	–	○	
	병원	–	–	○	
	편의점	–	–	○	
	토지	–	–	○	

관련부처	부동산관련 자료명	관련시스템	수 집 방 법		주기
			On Line	Off Line	
국토교통부	길안내App소스	–	–	○	필요시
	길안내주소DB	–	–	○	
	길안내검색DB	–	–	○	
	길안내배경지도	–	–	○	
	길안내상세도로망도	–	–	○	
환경부	법제적평가지도	–	–	○	
	환경생태적평가지도	–	–	○	
국토교통부	산업단지위치도명	–	–	○	
	산업단지시설용지도면	–	–	○	
	산업단지유치업종도명	–	–	○	
	산업단지경계도면	–	–	○	
한강홍수통제소	하천망도	–	–	○	
	수자원단위지도			○	
한국지질자원연구원	골재자원부존조사	–	–	○	
	탄저지질도	–	–	○	
	한국지화학도	–	–	○	
	응용지질도	–	–	○	
	항공방사능자력도	–	–	○	
	한국대륙붕해저지질도	–	–	○	
	1/2,500 지질도	–	–	○	
	1/25,000 지질도	–	–	○	
	1/50,000 지질도	–	–	○	
	1/250,000 지질도	–	–	○	
	기타지질도	–	–	○	
	1/50,000 수치지질도	–	–	○	
	1/250,000 수치지질도	–	Off Line	○	
	한국지구화학지도책	–	–	○	
	부우게 중력이상도	–	–	○	

관련부처	부동산관련 자료명	관련시스템	수 집 방 법		주기
			On Line	Off Line	
해양수산부	자연해안현황도_간석지	–	–	○	필요시
	자연해안관리도_해안선	–	–	○	
	자연해안관리도_바닷가	–	–	○	
	자연해안관리도_간석지	–	–	○	
	공유수면EEZ점사용	–	–	○	
	연안주제도국가어항	–	–	○	
	연안주제도연안항 해상구역	–	–	○	
	연안주제도연안항 육상구역	–	–	○	
	연안주제도습지보호지역	–	–	○	
	연안주제도수산자원보호구역	–	–	○	
	연안주제도생태·경관 보전지역	–	–	○	
	연안주제도국가산업단지	–	–	○	
	연안주제도일반산업단지	–	–	○	
	연안주제도도시첨단	–	–	○	
	연안주제도농공단지	–	–	○	
해양수산부	연안주제도해수욕장	–	–	○	
	연안주제도김양식장	–	–	○	
	연안주제도전복양식장	–	–	○	
	연안주제도어류양식장	–	–	○	
	연안주제도굴양식장	–	–	○	
	연안주제도미역양식장	–	–	○	
	연안주제도다시마양식장	–	–	○	
	연안주제도우수경관	–	–	○	
	연안주제도해상경계_ 영해_직선기선	–	–	○	
	연안주제도환경보전해역	–	–	○	
	연안주제도특별관리해역	–	–	○	
	무인도서	–	–	○	
통계청	통계구	SGIS 오픈플랫폼	○	–	5년
한강홍수통제소	유역경계	국가수자원관리종합정보시스템	○	–	10년
국토지리정보원	측량기준점	GPS기준점 서비스 국가기준점 발급시스템	○	–	매년
국토교통부	국유재산현황도	국유재산관리시스템	○	–	
	산림공간정보	산림공간정보포털시스템	○	–	10년

관련부처	부동산관련 자료명	관련시스템	수 집 방 법		주기
			On Line	Off Line	
국토교통부	동별에너지사용량	건물에너지정보시스템	○	–	반기
국립환경과학원	토양지하수정보	토양지하수정보시스템	○	–	
농림수산검역검사본부	매몰지	국가동물방역통합시스템	○	–	필요시
경찰청	아동지킴이집	사회적약자종합지원체계	○	–	
	기본도 1:1,000	국가공간정보통합체계	–	–	미갱신
	기본도 1:5,000		–	–	
	문화재도		–	–	

ⓔ 데이터를 구별하고 오류를 확인

공간정보 소프트웨어에서 사용할 수 있는 데이터를 구별하고 수집된 공간정보 데이터의 오류 여부를 확인

ⓜ 공간정보 데이터 확인

공간정보 데이터의 속성정보를 확인하고, 데이터가 가지고 있는 메타 데이터를 확인

ⓗ 데이터베이스 관리

- 다수의 사용자나 원거리 사용자가 공동으로 사용하는 데이터베이스에 레코드 형태로 저장되는 정보를 체계적으로 삽입, 삭제, 갱신, 검색하게 하는 방법
- 변경되는 데이터베이스 내용이나 데이터베이스에서 인출되는 정보가 정확하고 신뢰성을 갖게 할 목적으로 시행

ⓢ 데이터베이스 관리시스템(DBMS : Data Base Management System)

- 파일 시스템의 문제점인 데이터의 중복성과 종속성 등 문제를 최소화하기 위해 등장한 것으로 사용자와 데이터베이스 간 중계 역할도 수행하고, 데이터베이스의 내용을 정의, 조작, 제어할 수 있게 함으로써 관리 운영하는 소프트웨어 시스템을 말함
- 필수 기능은 정의 기능, 조작 기능, 제어 기능이 있음

실습하기

- 공간 데이터 저장하기
  - 관련 업무 기관 사이트 주소 정보 확보하기
  - 공간 데이터 저장에 필요한 자료
- 공간정보의 데이터 확인
  공간정보 데이터를 공간정보 소프트웨어에서 중첩하여 오류를 확인
- 공간정보 데이터 저장
  공간정보 데이터를 사용자의 요구와 활용 분야에 따라 다양한 형태로 저장

❸ 공간정보 자료 무결성 검증하기

ㄱ 공간위치 보정하기(공간 데이터의 정렬 문제)

여러 가지 이유로 인해 정확하게 일치해야 하는 공간 데이터가 서로 정렬되지 않아 서로 다른 위치에 표현되는 경우 발생

• 일반적인 공간 데이터 정렬 문제 및 원인

– 지리좌표체계가 서로 다른 데이터

– 좌표체계가 누락되어 있는 데이터

– 실세계의 지리적 위치 참조가 되지 않은 데이터

– 좌표체계 정보가 동일하지만, 데이터가 정렬되지 않음

• 지리적 참조가 필요한 데이터

– 공간위치 보정

– 캐드 데이터와 좌표체계가 없는 이미지 또는 래스터 데이터

– 유효한 공간 참조가 없어지므로, 지리적으로 투영할 수 없음

– 변위 링크를 추가하여 보정하거나 좌표체계 파일 업데이터를 통해 공간위치를 보정함

실습하기

• 데이터의 공간위치를 보정하는 목적을 확인하고, 보정하려는 데이터와 기준이 되는 공간 데이터의 좌표체계와 정확도를 살펴본다.

• 공간위치 보정을 위한 적정한 변환 방법을 선택한다.

• 공간위치 보정을 위해 변위 링크를 생성한다.

– 정확한 지점 선택을 위해 스내핑을 설정한다.

– 보정하려는 데이터를 먼저 선택하고 나서 기준이 되는 데이터를 선택한다.

– 화살표로 연결된 변위 링크를 호가인하며, 필요한 만큼 추가로 링크를 연결한다.

– 모두 7개의 변위 링크가 연결된 것을 확인할 수 있다.

• 생성된 변위 링크가 링크 테이블에 모두 표현되었는지 확인한다.

• 각각의 변위 링크마다 표시된 잔차 오류를 확인하고, 다른 변위 링크에 비해 다소 높은 것이 있다면 연결이 잘못되었는지 살펴본 후 필요시에는 링크를 삭제한다.

• 변위 링크의 위치를 살펴보며 잘못 지정된 위치가 있는지 확인하고 수정한다.

• 잔차 오류가 낮게 정리되었으면 변환을 실행한다.

• 변환된 레이어가 기준이 되는 레이어의 위치에 맞게 이동되었는지 확인한다.

• 두 레이어의 공간적 연결 상태가 벌어져 있거나 겹쳐 있는 경우 데이터를 수정해야 하며, 수정이 완료되면 데이터를 하나로 통합하는 작업도 있을 수 있다.

ㄴ 위상 편집하기

• 위상의 정의

– 위상(Topology)은 연속된 변형 작업에도 왜곡되지 않는 객체의 속성에 대한 수학적인 연구로, GIS에서 포인트, 라인, 폴리곤과 같은 벡터 데이터의 인접이나 연결과 같은 공간적 관계를 표현

– 위상을 기반으로 하는 데이터는 위치 관계적 오류를 찾아내고 이를 수정하기에 매우 유용한 도구

• 위상의 활용

– 연결성 : 공간객체들 사이의 연결 정보

– 인접성 : 서로 다른 객체의 이웃에 대한 정보

– 포함성 : 다른 공간 피처를 포함하는 공간 피처에 대한 정보

- 위상 데이터 관리 방법

  위상을 통한 데이터의 공간 무결성을 관리하는 방법은 위상관계 규칙을 정의하고, 규칙에 기반한 유효성 검사를 통해 위상관계 규칙에 어긋나는 오류를 찾아 정정하는 방법, 여러 레이어가 일치하는 지오메트리를 포함한 경우 공통의 경계를 한 번의 편집으로 동시에 모든 레이어를 갱신하는 위상을 이용한 편집 방법이 있음

실습하기

- 위상관계 규칙을 적용할 데이터의 속성 테이블을 확인하고 공간적 위치 관계를 살펴본다.
- 새로운 위상관계 규칙의 이름을 지정하고, 규칙을 적용할 데이터에 대해 톨러런스 값을 설정한다.
- 위상관계 규칙을 적용한다.
- 유효성 검사(Validate)를 실행한다.
- 유효성 검사 실시 결과는 오류로서 화면상에 나타나게 된다.
- 오류에 관한 요약 자료를 열고 어떤 종류의 오류인지 확인한다.
- 오류를 하나하나 살펴보며 각 오류에 대한 수정 편집 작업을 진행한다.
- 오류가 아니라고 판단되는 것은 예외로 설정하여 다음 유효성 검사에서는 오류로 판단되지 않도록 한다.
- 오류에 대한 수정 편집 작업이 완료되었으면, 다시 유효성 검사를 실시하고 데이터의 무결성을 확인한다.
- 일치하는 지오메트리를 공유하는 서로 다른 데이터의 공간적 위치 관계를 살펴본다.
- 총 4개의 레이어가 중첩되어 있으며, 중첩된 지역의 편집 작업을 진행해야 한다.
- 위상관계를 이용한 편집을 위해 4개의 레이어를 같은 위상 편집 레이어로 설정한다.
- 편집 작업을 진행할 일치하는 피처를 선택한다.
- 경계선을 변형하기 위해 새로운 라인을 그린다.
- 편집에 참여한 레이어가 모두 한 번에 편집된 것을 확인한다.

01 다음 괄호에 들어갈 적합한 용어를 쓰시오.

> 위상을 통한 공간 데이터 무결성 관리방법은 (   ), (   ), (   )의 특성으로 관리한다.

해설

• 위상의 활용
  – 연결성 : 공간객체들 사이의 연결 정보
  – 인접성 : 서로 다른 객체의 이웃에 대한 정보
  – 포함성 : 다른 공간 피처를 포함하는 공간 피처에 대한 정보
• 위상 데이터 관리 방법
  위상을 통한 데이터의 공간 무결성을 관리하는 방법은 위상관계 규칙을 정의하고, 규칙에 기반한 유효성 검사를 통해 위상관계 규칙에 어긋나는 오류를 찾아 정정하는 방법과 여러 레이어가 일치하는 지오메트리를 포함한 경우 공통의 경계를 한 번의 편집으로 동시에 모든 레이어를 갱신하는 위상을 이용한 편집 방법이 있다.

정답 연결성, 인접성, 포함성

02 다음 보기에서 설명하고 있는 것은 무엇인지 쓰시오.

> • 파일 시스템의 문제점인 데이터의 중복성과 종속성 등 문제를 최소화하기 위해 등장한 것으로 사용자와 데이터베이스 간 중계 역할도 수행하고, 데이터베이스의 내용을 정의, 조작, 제어할 수 있게 함으로써 관리 운영하는 소프트웨어 시스템을 말한다.
> • 필수 기능은 정의 기능, 조작 기능, 제어 기능이 있다.

해설

• 데이터베이스 관리
  – 다수의 사용자나 원거리 사용자가 공동으로 사용하는 데이터베이스에 레코드 형태로 저장되는 정보를 체계적으로 삽입, 삭제, 갱신, 검색하게 하는 방법을 의미한다.
  – 변경되는 데이터베이스 내용이나 데이터베이스에서 인출되는 정보가 정확하고 신뢰성을 갖게 할 목적으로 시행한다.
• 데이터베이스 관리시스템(DBMS : Data Base Management System)
  – 파일 시스템의 문제점인 데이터의 중복성과 종속성 등 문제를 최소화하기 위해 등장한 것으로 사용자와 데이터베이스 간 중계 역할도 수행하고, 데이터베이스의 내용을 정의, 조작, 제어할 수 있게 함으로써 관리 운영하는 소프트웨어 시스템을 말한다.
  – 필수 기능은 정의 기능, 조작 기능, 제어 기능이 있다.

정답 데이터베이스 관리시스템(DBMS : Data Base Management System)

03 교통에 관련된 공간 데이터를 설명하시오.

해설   9p ⓒ 국가공간정보센터 운영세부규정 [별표1] 국가공간정보 수집목록 및 방법 표 참조

정답   공간정보별 구축 기관 중 해당되는 것이 포함되면 정답 처리

교육은 우리 자신의 무지를 점차 발견해 가는 과정이다.

– 윌 듀란트 –

PART 02
공간정보 편집

공간정보융합기능사 실기

01 공간 데이터 확인하기

| 출제 기준 |

2.1.1 공간정보 소프트웨어에서 사용할 수 있는 데이터를 구별할 수 있다.
2.1.2 데이터가 갖고 있는 메타 데이터를 확인하고 해석할 수 있다.
2.1.3 공간정보 데이터를 레이어로 추가하고, 속성정보의 내용을 확인할 수 있다.
2.1.4 개방형 API 형태로 제공되는 자료를 레이어로 추가할 수 있다.
2.1.5 레이어를 중첩하여 오차를 눈으로 확인할 수 있다.
2.1.6 레이어를 사용자의 요구에 따라 다양한 형태로 저장할 수 있다.

기출유형 03

메타데이터에서 확인할 수 있는 사항을 설명하시오.

해설

메타 데이터에는 다음과 같은 정보를 제공한다.
- 공간 데이터 형식(래스터 또는 벡터)
- 투영법 및 좌표계
- 데이터의 공간적 범위
- 데이터 생산자
- 원 데이터의 축척
- 데이터 생성 시간
- 데이터 수집 방법
- 데이터베이스(속성정보)의 열 이름과 그 값들
- 데이터 품질(오류 및 오류에 대한 기록)
- 데이터 수집에 사용된 도구(장비)의 정확도와 정밀도

족집게 **과외**

❶ **공간정보 데이터 구별**

　㉠ 공간정보 소프트웨어에서 사용되는 공간정보 관련 데이터는 다양한 종류가 존재
　　　• 소프트웨어마다 고유한 포맷의 파일 형식 지님
　　　• 벡터 도형정보, 래스터 도형정보(tif, jpg 등), 속성정보(관계형 데이터베이스, 스프레드시트 타입 등)

ⓛ 범용 공간정보 소프트웨어 파일 포맷

ESRI사의 GIS 소프트웨어의 고유 파일 포맷 : shape 파일(대부분 공간정보 소프트웨어에 사용되는 실질적인 기준 역할)

- shape file(*.shp)

  ESRI사의 벡터 데이터 파일 포맷 : 도형정보 + 속성정보
  - .shp : 도형정보로 대상의 기하학적 위치정보 저장
  - .dbf : 도형의 속성정보를 저장하는 데이터베이스 파일
  - .shx : 도형정보와 속성정보를 연결하는 색인 정보 저장

- Coverage와 mdb
  - ESRI사의 벡터 데이터 파일 포맷 중 위상 구조를 가진 벡터 데이터
  - 점, 선, 면 등 여러 가지 타입의 데이터를 하나의 파일에 저장할 수 있음

    2000년대 말부터는 커버리지보다는 mdb 파일로 벡터 데이터, 래스터 데이터, TIN 등 모든 공간 데이터를 저장

- Grid와 TIN
  - Grid는 ESRI사의 래스터 데이터 파일 포맷, 격자형 셀(폴더 형식)
  - TIN은 지형을 표현하기 위해 벡터 형식으로 구성된 불규칙 삼각망(폴더 형식)

ⓒ 상용 소프트웨어 파일 포맷

공간정보 소프트웨어뿐만 아니라 기타 소프트웨어에서도 사용 가능한 공간정보 관련 포맷

- 벡터 형식 포맷
  - .dxf가 대표적
  - AutoCAD사가 개발한 파일로 설계, 제도, 디자인 분야 등에서 널리 사용되는 벡터 형식의 파일 포맷(공간정보 관련 분야에서도 한때 지도 제작 등에 널리 사용)
  - 속성정보 포함 불가 및 위상 구조를 가질 수 없는 한계가 있음
  - 도형정보를 입력, 편집하는 과정에서 편리하게 사용할 수 있다는 장점이 있음
  - .dxf 형식으로 도형정보를 입력한 후, 공간정보 소프트웨어를 이용하여 위상 구조를 가진 벡터 데이터로 변환하는 과정으로 활용

- 래스터 형식 포맷
  - .tif(Geotiff)가 대표적
  - 래스터 형식 상용 파일 포맷은 .jpg, .gif, .bmp 등 많은 파일 포맷이 존재
  - .tif 파일에 좌표 정보를 삽입할 수 있는 geotiff가 널리 사용
  - 투영법, 타원체, 데이텀, 좌표계 등 부가적인 정보 삽입

- 속성정보 포맷
  - 어떤 형식의 스프레드시트 타입의 정보라도 대부분의 공간정보 소프트웨어에서 사용 가능
  - .csv(Comma Separated Value)와 같은 형식을 비롯, dbase, 스프레드시트, 관계형 데이터베이스 등의 파일이 이용됨

– 다만, 공간정보 소프트웨어에서 사용할 경우 첫 줄에 레코드 필드명이 반드시 필요
– 경위도 좌표 정보를 포함한 스프레드시트는 벡터 포인트 데이터로 즉시 변환 가능
– Open API 자료로 스프레드시트 형태의 자료가 널리 사용됨

❷ 메타 데이터 확인하기

ⓐ 정의

미국 연방지리자료위원회(Federal Geographic Data Committee)는 메타 데이터의 용어, 정의, 규약을 표준화하여 '디지털 지리공간 메타 데이터 콘텐츠 표준(Content Standard for Digital Geospatial Metadata)'을 제작하여 열 가지 영역에 대해 정의

ⓑ 의미

대부분의 소프트웨어에서 메타 데이터를 입력하는 모듈을 제공하며, 메타 데이터의 자체 이력관리는 중요한 요건이므로 데이터 생산의 전 과정에 대해 충분한 사전 지식이 있어야 함

ⓒ 항목

- 공간 데이터 형식(래스터 또는 벡터)
- 투영법 및 좌표계
- 데이터의 공간적 범위
- 데이터 생산자
- 원 데이터의 축척
- 데이터 생성 시간
- 데이터 수집 방법
- 데이터베이스(속성정보)의 열 이름과 그 값들
- 데이터 품질(오류 및 오류에 대한 기록)
- 데이터 수집에 사용된 도구(장비)의 정확도와 정밀도
- 국내 규정 및 적용
  「3차원 국토 공간정보 구축 작업규정」에 메타 데이터 개체 집합 정보, 식별 정보, 데이터 품질 정보, 참조 체계 정보, 배포 정보, 범위 정보, 참조 자료 및 책임 담당자 정보 등으로 메타 데이터의 작성 항목 지정

실습하기

- 공간정보 소프트웨어에서 공간 데이터가 포함된 폴더를 선택한다.
- 공간 데이터 파일의 종류에 따라 소프트웨어에서 어떤 형태로 나타나는지 확인한다.
- 컴퓨터 폴더에 존재하는 공간 데이터 확장자를 확인한다.
- 컴퓨터 폴더 내 파일과 공간정보 소프트웨어에 표시되는 종류별 공간 데이터를 비교한다.
- 소프트웨어에서 메타 데이터의 일반사항을 확인하여 항목별 내용을 확인한다.
- 소프트웨어에서 위치정보(도형정보) 관련 메타 데이터를 확인한다.
- 소프트웨어에서 속성정보 관련 메타 데이터를 확인한다.
- 필요에 따라 메타 데이터 정보를 편집한다.

상세 정보

■ 자료 관리

자료 생산 목적	전국 여상의 위치정보 제공	자료주제어	마을어업 정치망어업 어장 정보도
자료공간특성코드	공간(지도)(화표형) 공간자료(비화표형) 비공간자료 기타	자료가공유통상태	저제생산 난순연계 연계가공 융복합 자료통합 통계생산
자료 포맷 코드	텍스트파일 벡터(래갤) 이미지파일 타일파일 DB임프파일 웹전송 기타	자료항목 세부목록	지역명 양식물종류 면허종료일자 면허번호 연허시작일자 주소 관계부서 어업구분 어업종류 어업방법
자료생산절차 설명	지시체별 여장정보를 수집하여 구축	원자료 명	여장정보
자료관리의 법적근거		자료생산 진행상태 코드	생산종료 불규칙적생산진행 규칙적생산진행 알수없음
자료 시작일자	2016-12-04	자료 종료일자	
자료갱신 예정일자		자료보존 가능기간	

■ 서비스배포

자동연계제공 여부	제공	자동연계제공방식 코드	Open API DB Link ESB EAI Link FTP 기타
자료서비스권한 코드	비부공개가능 내부공개 가능 부분공개가능 비공개	서비스제한 이유설명	
자료배포권한 코드	배포가능 배포금지 배포일부제한	배포제한 이유설명	

■ 품질관리

자료정자수행 여부	수행 미수행	자료정자수행 요약	
관련 보고서명		특이사항	

■ 기타

자료파일 확장자명	SHP	연관 자료명	여장정보
자료서비스 사용자 평점 정보		자료서비스 사용자 리뷰 정보	
메타작성일자	2023-11-01	준용 메타표준 코드	ISO19115 KS X ISO19115 MEDI SeaDataNet JOISS 연구사업 메타표준 기타
준용 메타표준 버전		메타언어 코드	한국어 영어 중국어 일본어 기타
표준시간 코드	KST UTC 기타	연평균 자료생산 건수	

▲ 공간 데이터 정보

❸ 공간정보 레이어 추가 및 속성정보 확인

　㉠ 공간정보 레이어 추가하기
　　• 공간정보 소프트웨어에서는 단일한 공간 데이터 및 복수의 공간 데이터를 표현하거나 처리하고 화면에 표현되는 레이어의 집합체를 데이터 프레임(또는 프로젝트)이라고 함
　　• 하나의 데이터 프레임에는 여러 개의 공간 데이터가 존재, 이때 각각의 공간 데이터를 '레이어'라고 함
　　• 각 레이어는 on/off 기능이 있고, 상위 레이어가 하위 레이어를 겹쳐서 출력됨
　㉡ 공간정보, 속성정보 확인하기
　　• 공간 데이터(벡터, 래스터)는 모두 속성정보를 포함하고 있음
　　• 벡터 공간 데이터는 위치정보와 속성정보 포함

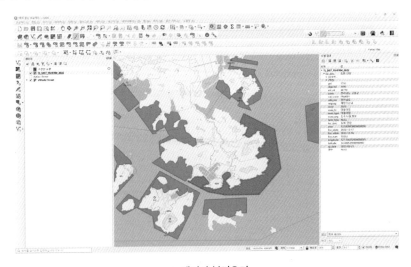

▲ 레이어 불러오기

❹ 개방형 API 자료 레이어 추가

포털 사이트의 지도 API를 통해 지도 서비스, 부동산 정보 제공 서비스, 구인과 구직서비스 제작, 기상 정보 제공 서비스, 유동인구 분석을 통한 상권 분석 이용

실습하기	공공 데이터 포털(https://www.data.go.kr) 이용해서 공간 데이터 레이어 추가하기

• 공공 데이터 포털의 .csv, .xls 파일 중 좌표 정보가 포함되어 있는 데이터는 공간 데이터로 변환 가능
• 개방형 API로 제공되는 데이터는 xml 형태로 제공됨

▲ 공공 데이터 포털 홈페이지

▲ 공공 데이터 리스트

❺ 레이어 중첩하기

㉠ 레이어 중첩은 데이터 프레임에 두 개 이상의 레이어를 추가하는 것

㉡ 선행되어야 하는 사항은 공간 데이터마다 입력된 데이터 좌표계를 동일하게 설정해야 함

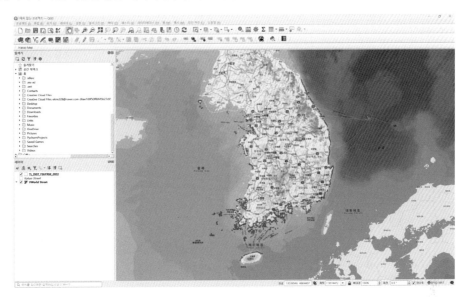

▲ 레이어 중첩하기

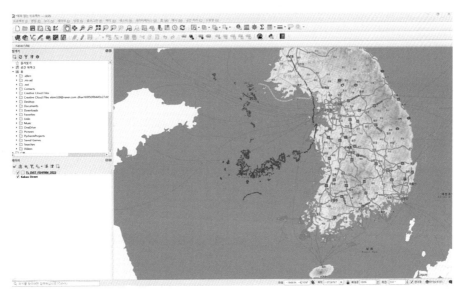

▲ 좌표계 상이한 경우

❻ 레이어의 다양한 형태 저장하기

사용자 요구에 따라 다양한 형태로 저장 가능하며, 레이어의 종류에 따라 결정요소가 상이

ㄱ 래스터 레이어
- 전체 데이터 모두 저장인지, 보이는 데이터만 저장인지 결정
- 좌표계 확인
- 픽셀 크기, 널(Null)값 처리 방식, 저장 레이어 파일 명칭 및 포맷 추가 지정, 데이터 압축률 지정 가능

ㄴ 벡터 레이어
- 전체 데이터 모두 저장인지, 보이는 데이터만 저장인지 결정
- 좌표계 확인
- 레이어 포맷 설정, 가급적 보편적으로 사용되는 포맷으로 저장

01 보기에서 설명하고 있는 것을 쓰시오.

- .tif(Geotiff)가 대표적
- .jpg, .gif, .bmp 등 많은 파일 포맷이 존재
- .tif 파일에 좌표 정보를 삽입할 수 있는 geotiff가 널리 사용
- 투영법, 타원체, 데이텀, 좌표계 등 부가적인 정보 삽입

해설

래스터 형태 포맷
- 래스터 형태 포맷은 .tif(Geotiff)가 대표적이다.
- 래스터 형식 상용 파일 포맷은 .jpg, .gif, .bmp 등 많은 파일 포맷이 존재한다.
- .tif 파일에 좌표 정보를 삽입할 수 있는 geotiff가 널리 사용된다.
- 투영법, 타원체, 데이텀, 좌표계 등 부가적인 정보를 삽입한다.

정답 래스터 형태 포맷

02 래스터 데이터의 저장순서를 설명하시오.

래스터 레이어
- 전체 데이터 모두 저장인지, 보이는 데이터만 저장인지 결정한다.
- 좌표계를 확인한다.
- 픽셀 크기, 널(Null)값 처리 방식, 저장 레이어 파일 명칭 및 포맷 추가 지정, 데이터 압축률 지정이 가능하다.

벡터 레이어
- 전체 데이터 모두 저장인지, 보이는 데이터만 저장인지 결정한다.
- 좌표계를 확인한다.
- 레이어 포맷 설정, 가급적 보편적으로 사용되는 포맷으로 저장한다.

래스터 레이어
- 전체 데이터 모두 저장인지 보이는 데이터만 저장인지 결정한다.
- 좌표계를 확인한다.
- 픽셀 크기, 널(Null)값 처리 방식, 저장 레이어 파일 명칭 및 포맷 추가 지정, 데이터 압축률 지정이 가능하다.

공간정보 편집

│ 출제 기준 │

2.2.1 좌표계 설정하기
2.2.2 지리좌표체계와 투영좌표체계의 정의를 설명할 수 있다.
2.2.3 데이터가 갖고 있는 좌표체계를 확인하고 해석할 수 있다.
2.2.4 좌표계 설정 및 변환에 사용되는 알고리즘과 매개변수를 설명할 수 있다.
2.2.5 공간정보 소프트웨어를 통해 데이터에 대한 좌표계를 설정하고 변환할 수 있다.

기출유형 04

3차원 지구상에 존재하는 대상물을 2차원적 평면에 나타낸 것은?

해설
3차원 지구상에 존재하는 대상물을 2차원적 평면에 나타내는 좌표체계는 투영좌표체계이다.

정답 투영좌표체계

족집게 과외

❶ 좌표체계 정의
　㉠ 정의
　　• 지구상에서 위치를 표시하는 방법
　　• 지리좌표체계 : 경도와 위도로 표시
　　• 투영좌표체계 : 3차원 지구에서의 경위도 좌표를 특정한 투영법을 사용해 2차원 평면상에서 나타내는 2차원 평면좌표
　　• 공간 데이터는 데이터 취득 방법에 따라 지리좌표체계 구축이나 투영좌표체계로 구축될 수 있으므로 반드시 좌표체계 이해가 선행되어야 함
　㉡ 유형
　　• 지리좌표체계 : 지구상에서 한 지점의 수평 위치는 경도와 위도로 표시
　　• 투영좌표체계 : 3차원 지구상에 존재하는 대상물을 2차원적 평면에 나타낸 것
　　　- 투영면의 종류에 따라 원통, 원추, 평면도법 등으로 구분
　　　- 지도학적 성질에 따라 특정 방향으로 거리가 정확한 정거투영법, 면적이 정확한 정적투영법, 형태가 정확한 정형투영법 등으로 구분

ⓒ 우리나라 좌표계
- 지리좌표체계는 GNSS를 이용하여 공간 데이터가 수집된 경우 공간 데이터의 위치를 지도상에 표시하기 위해 이용할 수 있음
- 생산되고 있는 공간정보는 주로 횡축 메르카토르 투영법에 의해 위치가 표시됨

❷ 좌표체계 확인 및 해석하기
ⓐ 주로 사용되는 투영좌표체계 1 : 4개의 원점을 가진 TM 투영좌표체계

TM 투영법을 사용해 지도를 제작할 때 투영 원점을 어디에 두느냐에 따라 평면직각좌표가 달라질 수 있으므로, 투영 원점을 설정하고 투영 원점에 가상의 평면좌표를 부여해야 함(1:1,000, 1:5,000, 1:25,000 축척의 국가기본도에서 투영 원점은 4개)

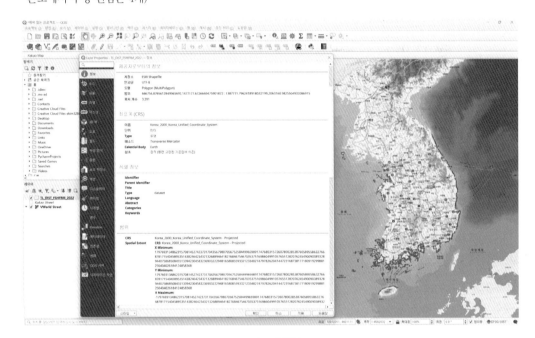

▲ 좌표계 정보

ⓑ 주로 사용되는 투영좌표체계 2 : 1개의 원점을 가진 TM 투영좌표체계

전국 단위로 지도를 병합하여 사용할 때는 별도의 경위도 원점과 가상 직각좌표를 사용해야 함
- 전국 단위의 단일 직각좌표를 사용해야 함, 경위도 원점은 동경 127° 30′, 북위 38°, 원점의 가상 직각좌표는 동서 방향 1,000,000m, 남북 방향 2,000,000m를 사용
- TM 투영법 사용
- 경도의 동서 방향 범위가 최소 4도 이상이므로 축척계수를 0.9996으로 하고 제작
- UTM-K(Universal Transverse Mercator-Korea)라고 일컬음
- UTM과 TM은 투영 계산식으로는 동일한 투영법
- 전국을 연속적으로 구축한 지도의 종류에 따라 투영좌표가 결정됨

ⓒ 주로 사용되는 투영좌표체계 3 : 2개의 원점을 가진 UTM 투영좌표체계
- 전 세계를 TM 투영법으로 공간정보를 구축하기 위한 투영법을 UTM 투영법이라고 함
- 우리나라는 경도를 기준으로 북반구 51과 52구역에 속함

- 축척계수는 0.9996이며, 북반구 51구역의 가상 원점은 동경 123°와 북위 0°이며, 북반구 52구역의 가상 원점은 동경 129°와 북위 0°임
- UTM 투영법은 군사용으로 제작된 지도 또는 세계적으로 제작된 지도에서 볼 수 있음

❸ 좌표계 설정 및 변환하기

㉠ 좌표계 설정하기
- 좌표계가 설정되어 있지 않은 공간 데이터에 좌표계를 정의하는 과정
- 국가기본도 수치지도 1.0의 배포 포맷은 .dxf, 수치지도 2.0 배포 포맷은 .ngi
- 설정(변환) 절차
  - 수치지도를 공간 데이터 포맷 .shp 등으로 변환
  - 공간 데이터 포맷 파일에 적당한 좌표계를 설정
  - 대부분 좌표계가 설정되어 있지 않은 경우이므로 좌표계 설정 필요

㉡ 좌표계 변환하기
- 하나의 좌표계에서 다른 좌표계로의 변환을 의미
- 기본 변환 : 경위도 좌표와 투영 좌표 간의 변환(지도 투영 변환, 역지도 투영 변환)

❹ 소프트웨어를 통한 좌표계 설정, 변환하기

㉠ 투영법 변환은 먼저 역지도 투영 변환을 실시한 후 지도 투영 변환을 실시
㉡ 좌표계 변환을 위해서는 먼저 변환하려는 데이터의 좌표계가 명확하게 설정되어 있어야 함
㉢ 기준타원체가 변경되지 않는 것을 전제로 하는 것이지만, 만약 기준타원체가 변경될 경우 타원체 간 변환 요소로 고려해야 함

01 다음 빈칸에 들어갈 형식을 쓰시오.

> 국가기본도 수치지도 1.0의 배포 포맷은 (㉠), 수치지도 2.0 배포 포맷은 (㉡)이다.

해설
국가기본도 수치지도 1.0의 배포 포맷은 .dxf, 수치지도 2.0 배포 포맷은 .ngi이다.

정답 ㉠ : .dxf, ㉡ : .ngi

02 좌표계 설정 및 변환하기에 대해서 설명하시오.

해설
좌표계 설정하기
• 좌표계가 설정되어 있지 않은 공간 데이터에 좌표계를 정의하는 과정이다.
• 국가기본도 수치지도 1.0의 배포 포맷은 .dxf, 수치지도 2.0 배포 포맷은 .ngi
• 설정(변환) 절차
  – 수치지도를 공간 데이터 포맷 .shp 등으로 변환한다.
  – 공간 데이터 포맷 파일에 적당한 좌표계를 설정한다.
  – 대부분 좌표계가 설정되어 있지 않은 경우이므로 좌표계 설정이 필요하다.
좌표계 변환하기
• 하나의 좌표계에서 다른 좌표계로의 변환을 의미한다.
• 기본 변환 : 경위도 좌표와 투영 좌표 간의 변환(지도 투영 변환, 역지도 투영 변환)

03 소프트웨어를 통한 좌표계 설정 및 변환 시 가장 우선되어야 하는 작업은?

해설

소프트웨어를 통한 좌표계 설정 및 변환
- 투영법 변환은 먼저 역지도 투영 변환을 실시한 후 지도 투영 변환을 실시한다.
- 좌표계 변환을 위해서는 먼저 변환하려는 데이터의 좌표계가 명확하게 설정되어 있어야 한다.
- 기준타원체가 변경되지 않는 것을 전제로 하는 것이지만, 만약 기준타원체가 변경될 경우 타원체 간 변환 요소로 고려해야 한다.

정답 역지도 투영 변환

03 피처 편집하기

| 출제 기준 |

2.3.1 디지타이징 도구 또는 좌표를 이용하여 피처(Feature)를 생성하고 속성 테이블을 정의할 수 있다.
2.3.2 위치 오류가 있는 피처를 확인하고 버텍스(Vertex)를 이용하여 위치 수정을 할 수 있다.
2.3.3 멀티파트 피처(Multi-part Feature)를 싱글파트 피처(Single-part Feature)로 분할하고 오류가 있는 피처의 위치를 수정할 수 있다.
2.3.4 분할 도구 및 병합 도구를 이용하여 폴리곤 및 라인 피처를 편집할 수 있다.
2.3.5 다양한 피처 일반화 도구를 사용할 수 있다.

기출유형 05

피처를 생성하기 위해서 가장 우선적으로 필요한 사항은?

해설
• 피처를 생성하기 위한 원시 데이터를 준비한다.
• 피처를 생성하기 위한 피처 타입을 설정한다.
• 피처를 생성할 경우 스내핑(Snapping) 과정이 필요하다.

정답 원시 데이터 준비

족집게 과외

❶ 피처 생성하고 속성 테이블 정의하기

㉠ 피처 생성하기
• 정의
 – 피처(Feature)는 벡터 형태의 공간 데이터로 표현되는 대상물
 – 속성에 따라 점, 선, 면 형태로 저장
• 과정
 – 피처를 생성하기 위한 원시 데이터 준비
 – 피처를 생성하기 위한 피처 타입 설정
 – 피처를 생성할 경우 스내핑(Snapping) 과정 필요

- 소프트웨어에서 사용하는 기하 보정 방법을 이해한다.
- 스캐닝된 항공사진 또는 위성영상의 기하 보정을 실시한다.
- 점, 선, 면 공백 피처를 생성하거나 기존 피처에 피처를 추가한다.
- 툴을 이용하여 피처를 입력한다.
- 신규 피처나 수정된 피처에 속성정보가 생성되었는지 혹은 수정사항을 입력한다.

ⓛ 속성 테이블 정의하기
- 도형정보와 속성정보는 별도의 정보가 아니라 통합하여 처리하는 하나의 정보
- 피처를 편집하는 과정에서 도형정보의 변경 못지 않게 반드시 속성정보를 확인
- 필요에 따라 속성정보를 갱신
- 편집 전 속성정보와 편집 후 속성정보의 차이를 반드시 확인하고, 속성정보의 변경이 필요한 경우 속성정보를 갱신하여야 편집한 데이터가 정확한 속성정보를 가짐

❷ 버텍스 이용하여 위치 수정하기
ⓞ 개념
- 피처의 버텍스를 이동, 삭제, 추가하여 피처의 형태를 변경하는 위치 수정은 원래 수정할 대상을 배경에 두고 시행해야 함
- 즉, 위치를 변경할 경우 변경할 위치를 확인할 만한 기준 데이터가 준비되어 있어야 함
- 기준 데이터는 입력 데이터보다 정확도가 높거나, 대축척으로 입력된 데이터를 사용하거나, 고해상도의 항공사진을 사용
ⓛ 방법
- 피처 위치 수정을 위해서는 우선, 수정할 벡터 레이어를 선택하여 편집할 수 있는 모드로 변경
- 피처 생성하는 경우처럼 스내핑 옵션과 톨로런스 등 설정 필요
  - 수정 대상 피처를 선택하고, 더블클릭하면 피처 버텍스가 화면에 표시됨
  - 더블클릭하여 표시된 버텍스 중 이동하려는 버텍스를 이동해야 할 위치로 이동시키면 피처 위치 수정 완료

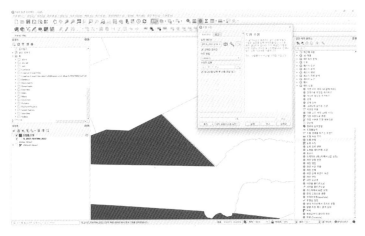

▲ 일반적인 버텍스

출처 : NCS학습모듈, 공간정보 편집, p.60

❸ 오류가 있는 피처 수정하기

ㄱ 피처의 위치 수정을 위해서는 피처가 포함된 레이어를 수정 가능한 모드로 변경해야 함

ㄴ 피처의 위치를 수정한 후 반드시 수정 내용을 변경해야 함

- 가장 기본적인 피처의 위치를 이동하는 방법은 마우스를 이용하여 이동하는 방법, x, y로의 이동량을 키보드로 입력하여 이동하는 방법이 있음
- 멀티피처의 경우 모든 하나의 멀티피처 내의 모든 폴리곤이 동시에 이동되며, 싱글피처의 경우에는 하나의 폴리곤만 이동
- 이외에도 선형 피처의 분리, 버퍼 생성, 폴리곤 피처 교집합과 합집합을 생성하거나 폴리곤 피처의 일부분을 잘라내는 기능 등이 있음
- 필요에 따라 기본적인 피처의 위치 수정이 아닌 특정 분야에서 전문적으로 사용하는 피처의 위치 수정 방법도 있음
- 피처를 수정할 때 새로운 피처를 생성하는 것인지 아니면 기존 피처를 수정하는지를 작업이 활성화되는 창에서 보여주는 기능이 별도로 존재함
- 피처를 특정한 방식으로 수정하려면 별도의 기능을 가진 도구를 이용하는데, 이는 소프트웨어에 따라 다양하게 존재함

아이콘	목적	아이콘	목적
	영역 또는 단일 클릭으로 피처 선택		편집 내용 켜고 끄기
	값으로 피처 선택		폴리곤 피처 추가
	피처 선택 해제		꼭짓점 도구
	위치로 선택		피처 이동
	필드 계산기 열기		피처 변형
	속성 테이블 열기		폴리곤 주석 생성
	데이터소스관리자		라인 주석 생성
	현재 편집 내용		

▲ 피처 수정 도구

출처 : NCS학습모듈, 공간정보 편집, p.60

❹ 폴리곤 및 라인 피처 편집하기

ㄱ 폴리곤(면형) 피처는 분할하거나 병합

ㄴ 하나의 필지를 분필하는 경우 폴리곤 피처의 분할에 해당 : 'Cut Polygon Feature' 도구 활용

ㄷ 합필하는 경우에는 폴리곤 피처의 병합에 해당 : 병합(Merge), 합집합(Union) 도구 활용

- 병합은 복수의 폴리곤을 하나의 폴리곤으로 병합
- 합집합은 복수의 폴리곤을 병합한 하나의 새로운 폴리곤을 추가하는 개념, 형태

❺ 피처 일반화 도구 사용하기

- ㉠ 일반화(Generalization)는 선형과 면형 피처를 구성하는 포인트의 수를 감소시켜 데이터의 크기를 줄이는 것
- ㉡ 선형이나 면형 폴리곤을 일반화하거나 곡선화하는 기능
- ㉢ 일반화 : 대축척 공간정보를 소축척 공간정보로 변환하는 도구
- ㉣ 사용 혹은 알고리즘이 지정되어 있어 옵션값을 지정해서 활용할 수 있음
- ㉤ 현존하는 일반화 알고리즘 중 가장 널리 사용되는 것은 더글러스-포이커(Douglas-peucker) 알고리즘
- ㉥ 작은 폴리곤을 모아 큰 폴리곤으로 변환하는 기능(Aggregate Polygon)
- ㉦ 도로 경계선과 같이 두 개의 나란한 선이 있을 때 두 선의 중심선을 구하는 기능(Dual Lines to Centerline)
- ㉧ 데이터 중첩 과정에서 발생하는 길고 좁은 폴리곤인 슬리버(Sliver) 폴리곤을 제거하는 기능(Eliminate)

Tip

공간정보 소프트웨어에는 일반화와 관련하여 다음과 같은 기능이 구현된다.
- 선형이나 면형 폴리곤을 일반화하거나 곡선화하는 기능
- 작은 폴리곤을 모아 큰 폴리곤으로 변환하는 기능(Aggregate Polygon)
- 도로 경계선과 같이 두 개의 나란한 선이 있을 때 두 선의 중심선을 구하는 기능(Dual Lines to Centerline)
- 데이터 중첩 과정에서 발생하고 길고 좁은 폴리곤인 슬리버(Sliver) 폴리곤을 제거하는 기능(Eliminate)

01 폴리곤(면형) 피처를 합필하는 경우, Merge와 Union의 차이를 설명하시오.

해설

폴리곤 및 라인 피처 편집

• 하나의 필지를 분필하는 경우 폴리곤 피처의 분할에 해당 : 'Cut Polygon Feature' 도구를 활용한다.

• 합필하는 경우에는 폴리곤 피처의 병합에 해당 : 병합(Merge), 합집합(Union) 도구를 활용한다.

　– 병합은 복수의 폴리곤을 하나의 폴리곤으로 병합한다.

　– 합집합은 복수의 폴리곤을 병합한 하나의 새로운 폴리곤 추가하는 개념이다.

정답　합필하는 경우에는 폴리곤 피처의 병합에 해당 : 병합(Merge), 합집합(Union) 도구를 활용한다.

02 오류가 있는 피처를 수정하는 방법을 설명하시오.

해설

오류가 있는 피처 수정

• 피처의 위치 수정을 위해서는 피처가 포함된 레이어를 수정 가능한 모드로 변경해야 한다.

• 피처의 위치를 수정한 후 반드시 수정 내용을 변경해야 한다.

　– 가장 기본적인 피처의 위치를 이동하는 방법은 마우스를 이용하여 이동하는 방법이나, x, y로의 이동량을 키보드로 입력하여 이동하는 방법이 있다.

　– 멀티피처의 경우 모든 하나의 멀티피처 내의 모든 폴리곤이 동시에 이동되며, 싱글피처의 경우에는 하나의 폴리곤만 이동한다.

정답　해설 참조

03 피처 일반화에 대해 설명하시오.

피처 일반화

- 일반화(Generalization)는 선형과 면형 피처를 구성하는 포인트의 수를 감소시켜 데이터의 크기를 줄이는 것이다.
- 선형이나 면형 폴리곤을 일반화하거나 곡선화하는 기능이다.
- 일반화 : 대축척 공간정보를 소축척 공간정보로 변환하는 도구
- 사용 혹은 알고리즘이 지정되어 있어 옵션값을 지정해서 활용해도 가능하다.
- 현존하는 일반화 알고리즘 중 가장 널리 사용되는 것은 더글러스-포이커(Douglas-peucker) 알고리즘
- 작은 폴리곤을 모아 큰 폴리곤으로 변환하는 기능(Aggregate Polygon)이다.
- 도로 경계선과 같이 두 개의 나란한 선이 있을 때 두 선의 중심선을 구하는 기능(Dual lines to Centerline)이다.
- 데이터 중첩 과정에서 발생하는 길고 좁은 폴리곤인 슬리버(Sliver) 폴리곤을 제거하는 기능(Eliminate)이다.

정답 일반화(Generalization)는 선형과 면형 피처를 구성하는 포인트의 수를 감소시켜 데이터의 크기를 줄이는 것이다.

04 속성 편집하기

| 출제 기준 |

2.4.1 새로운 속성 필드를 생성할 수 있다.
2.4.2 필드 타입을 정의하고 타입에 맞는 속성값을 입력할 수 있다.
2.4.3 SQL을 이용하여 조건에 알맞은 속성값을 선택할 수 있다.
2.4.4 일반 계산뿐만 아니라 지오메트리에 대한 연산을 할 수 있다.
2.4.5 속성 필드를 수동으로 업데이트할 수 있다.
2.4.6 스크립트 언어를 이용하여 속성값을 업데이트할 수 있다.

기출유형 06

다음 괄호에 알맞은 것은?

> 공간정보 데이터의 Short integer는 (　　)바이트 정수, Long integer는 (　　)바이트 정수로 입력된다.

해설

속성 필드의 타입 결정

Short integer	2바이트 정수
Long integer	4바이트 정수
Float	실수(4바이트)
Double	배정도 실수(8바이트)
Text	텍스트(길이 지정 필요)
Date	날짜

정답 공간정보 데이터의 Short integer는 (2)바이트 정수, Long integer는 (4)바이트 정수로 입력된다.

족집게 과외

❶ 속성 필드 생성하기

　㉠ 공간정보는 위치정보(도형정보)와 속성정보로 구성

　㉡ 위치정보는 점, 선, 면 중 하나의 타입이고, 속성정보는 필드와 레코드로 구성

　㉢ 속성정보는 피처의 수만큼 존재함. 즉, 벡터 피처의 개수만큼 레코드(Record)를 가짐

　㉣ 각 레코드는 필드에 대한 정보를 포함하고 있음

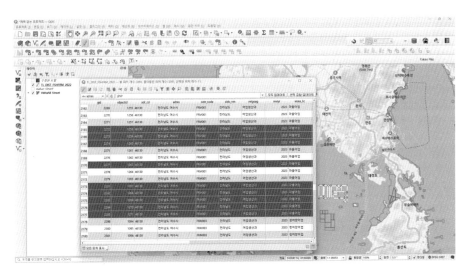

▲ 스프레드시트에서 불러들인 속성정보

출처 : NCS학습모듈, 공간정보 편집, p.71

❷ 필드 타입 정의하고 속성값 입력하기

㉠ 타입 정의

속성 필드의 타입 결정

Short integer	2바이트 정수
Long integer	4바이트 정수
Float	실수(4바이트)
Double	배정도 실수(8바이트)
Text	텍스트(길이 지정 필요)
Date	날짜

㉡ 속성값 입력하기

- 필드 추가는 추가 메뉴를 이용하고, 필드 타입을 설정해야 함
- 생성된 새로운 필드에는 아무런 정보가 없으며, 입력을 실시함
- 속성값 입력을 위해서는 먼저 데이터를 편집할 수 있는 상태로 설정해야 함
- 속성정보 데이터베이스를 화면에 디스플레이한 후 입력하려는 속성값에 마우스를 자리하게 하고 더블클릭을 하면 속성값을 입력할 수 있는 상태가 됨
- 속성값을 수동으로 입력할 수 있게 됨
- 삭제가 필요할 경우 삭제 메뉴를 사용하고, 한 번 삭제된 필드는 복구 불가한 점을 유의해야 함

- 속성 필드의 유형을 확인한다.
  - 벡터 데이터를 공간정보 소프트웨어에서 불러들인다.
  - 데이터의 속성정보를 연다.
  - 속성정보의 필드명과 레코드 수를 확인한다.
  - 필드를 선택한 후 속성 필드의 유형을 확인한다.
  - 속성 필드의 유형에 따라 입력된 데이터가 입력되었음을 확인한다.
  - 숫자로 입력되었으나 텍스트 타입으로 설정된 필드가 있는지 확인한다.
  - 상용 데이터베이스 프로그램에서 속성 필드를 가진 파일을 연다.
  - 공간정보 소프트웨어와 사용 프로그램에서 나타나는 필드의 차이를 확인한다.

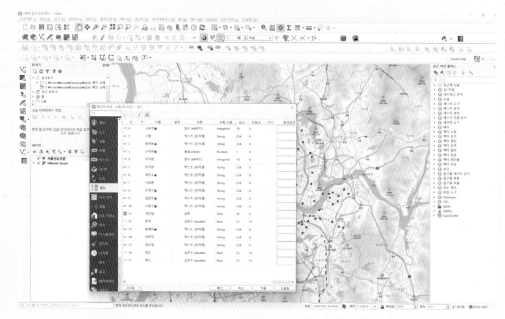

▲ 속성 필드 정보

출처 : NCS학습모듈, 공간정보 편집, p.74

- 속성 필드를 생성한다.
  - 벡터 데이터를 공간정보 소프트웨어에서 불러들인다.
  - 데이터의 속성정보를 연다.
  - 정수 필드를 생성한다.
  - 실수 필드를 생성한다.
  - 텍스트 필드를 생성한다.
  - 날짜 필드를 생성한다.
  - 생성된 필드가 속성정보에서 나타나는지 확인한다.
  - 필드명을 선택하여 속성 필드의 유형이 올바르게 입력되었는지 확인한다.
  - 상용 데이터베이스 프로그램에서 속성 필드를 가진 파일을 연다.
  - 공간정보 소프트웨어와 사용 프로그램에서 나타나는 필드의 차이를 확인한다.

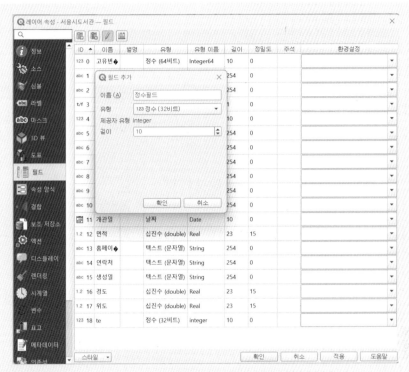

▲ 정수 필드 생성

출처 : NCS학습모듈, 공간정보 편집, p.74

- 속성 필드를 유형에 따라 생성한다.
  - 벡터 데이터를 공간정보 소프트웨어에서 불러들인다.
  - 데이터의 속성정보를 열고, 정수 필드, 실수 필드, 텍스트 필드, 날짜 필드 등을 생성한다.
  - 필드 생성 시 속성값의 특성에 따라 필드의 종류, 길이 등을 지정한다.
  - 생성된 필드가 속성정보에서 나타나는지 확인한다.
- 속성값을 입력한다.
  - 벡터 데이터를 공간정보 소프트웨어에서 불러들인다.
  - 벡터 데이터를 편집 가능한 상태로 설정한다.
  - 생성된 필드에 마우스를 위치시켜 속성값을 입력한다.
  - 입력된 값이 필드의 타입에 따라 입력되는지 확인한다.

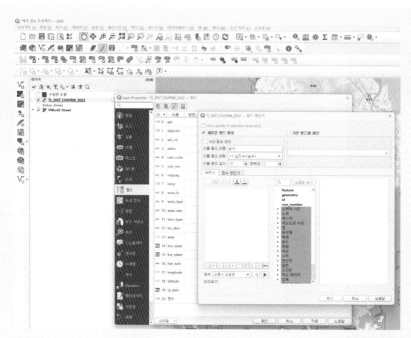

▲ 실수 필드 생성

출처 : NCS학습모듈, 공간정보 편집, p.75

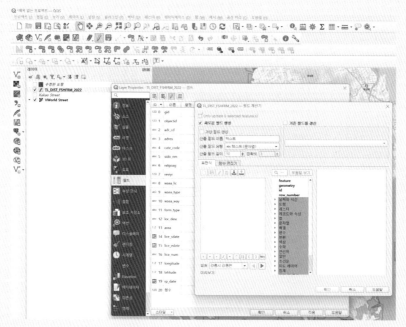

▲ 텍스트 필드 생성

출처 : NCS학습모듈, 공간정보 편집 , p.75

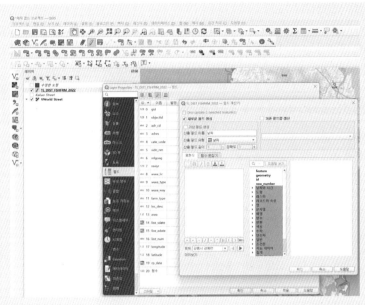

▲ 날짜 필드 생성

출처 : NCS학습모듈, 공간정보 편집, p.76

▲ 필드 생성 확인

출처 : NCS학습모듈, 공간정보 편집, p.76

❸ SQL 사용하여 속성값 선택하기

ⓐ SQL(Structured Query Language)은 사용자와 관계형 데이터베이스를 연결하여 주는 표준 검색 언어로서 데이터베이스 언어 중 가장 널리 사용됨

ⓑ 미국 IBM사가 개발한 SQL은 속성값을 SELECT FROM A WHERE B 구조를 지님

ⓒ A는 데이터베이스를 의미하고, B는 조건을 의미함

ⓓ 조건 B를 만족시키는 A 데이터베이스 내 레코드를 선택하여 결과로 나타낸다는 의미

❹ 지오메트리 연산하기

ⓐ 지오메트리 연산은 공간정보 소프트웨어에서만 제공하는 기능임

ⓑ 지오메트리 연산은 필드명을 선택한 후 메뉴에서 선택 가능

ⓒ 스크립트 언어를 사용하여 계산 가능

점 데이터	점의 x, y 위치를 계산할 수 있음
선 데이터	선의 길이, 시작점, 중간점, 끝점의 x, y 위치 및 둘레 길이를 계산할 수 있음
면 데이터	면적, 둘레길이, 도심(도형의 중심, Centroid)의 x, y 위치를 계산할 수 있음

❺ 속성 필드 수동으로 업데이트하기

속성 데이터를 업데이트하는 방법과 기존 속성 데이터베이스와 별개의 데이터베이스를 불러들여 데이터베이스 조인(Join)하는 방법이 있음

ⓐ 속성 데이터 업데이트 방법

- 속성 데이터베이스를 수정 가능한 상태로 변경하기 위해서 편집 모드 활성화
- 마우스를 이용하여 속성값을 입력하여 속성값을 업데이트하고, 업데이트를 마친 후 편집된 내용을 저장

ⓑ 외부 데이터베이스와의 조인(Join) 방법

- 업데이트할 공간 데이터와 외부 데이터베이스의 공통된 키(Key)를 이용한 조인
- 조인을 위한 사전 단계로 상용 프로그램을 이용하여 데이터베이스의 첫 번째 행(Row)을 필드명으로 두 번째 행부터 데이터베이스 레코드로 인식하도록 편집
- 외부 데이터베이스의 첫 번째 열(Column)에 있는 코드와 행정구역을 분할하기 위한 과정을 실시
- 동일한 키를 가진 두 개의 데이터베이스는 조인을 통해 하나의 데이터베이스로 통합됨
- B 데이터베이스를 A 데이터베이스에 합칠 경우 하나로 합쳐질 A 데이터베이스를 선택한 후 조인을 실행
- A 데이터베이스 중 공통키 필드를 선택한 후, B 데이터베이스에서도 공통키 필드를 선택하고 조인을 실행하면 데이터베이스를 업데이트하게 됨

❻ 스크립트 언어를 이용하여 속성값 업데이트하기

ⓐ 스크립트 언어란 컴퓨터 프로그래밍 언어로서, 응용 소프트웨어를 제어

ⓑ 독자적으로 컴파일(Complie)하여 실행되지 않고 다른 프로그램에 내장되어 사용되는 경우가 많은데, 자바스크립트, VB 스크립트 및 텍스트 처리를 위한 펄(Perl) 등이 있음

ⓒ 공간정보 분야에서는 파이썬(Python) 등이 널리 사용됨

- 속성값을 선택한다.
  - 속성값을 선택할 벡터 데이터를 불러들인다.
  - 데이터의 속성 테이블을 확인한다.
  - 속성에 의한 선택 메뉴를 활성화한다.
  - 선택 대상이 되는 레이어를 선택한다.
  - 선택 대상이 되는 필드명, 연산기호, 값 등을 선택한다.
  - 결과를 도형정보와 속성정보에서 모두 확인한다.
  - 필드명과 연산기호를 변경하여 선택한다.
  - 다중 선택 모드의 옵션을 바꾸어 위의 과정을 반복한다.
  - 선택된 결과만을 별도의 레이어로 저장한다.
- 일반적인 속성값 연산을 수행한다.
  - 속성값을 연산할 벡터 데이터를 불러들인다.
  - 계산할 필드를 생성한다.
  - 문자 연산과 숫자 연산을 실시한다.
  - 연산 결과가 적합한지 확인한다.
- 지오메트리 연산을 수행한다.
  - 지오메트리 연산을 수행할 벡터 데이터를 불러들인다.
  - 좌표계가 적절하게 설정되어 있는지 확인한다.
  - 지오메트리 연산을 수행한다.
  - 연산 결과가 적합한지 확인한다.
- 속성 필드 업데이트를 수행한다.
  - 공간 데이터를 편집 가능 모드로 설정한다.
  - 업데이트할 속성값을 마우스를 이용하여 지정하고, 속성값을 입력한다.
  - 입력 결과를 저장하려면 반드시 공간 데이터를 저장한다.
- 외부 데이터베이스와의 조인을 이용한 업데이트를 수행한다.
  - 공간 데이터를 불러들이고 속성 데이터베이스를 확인한다.
  - 외부 데이터베이스와 공간 데이터에서 공통으로 이용할 공통키를 확인한다(공통키를 이용하여 조인할 수 있게 외부 데이터베이스와 공간 데이터의 데이터베이스를 편집).
  - 공통키를 이용하여 조인한다.
  - 조인된 공간 데이터를 별도의 파일로 저장한다.
- 스크립트 언어를 이용한 속성값을 업데이트한다.
  - 공간 데이터의 속성 데이터베이스를 연다.
  - 문자와 숫자 필드를 추가한다.
  - 문자열에 대한 문자 함수와 숫자에 대한 숫자 함수를 이용하여 추가된 필드의 속성값을 계산한다.
  - if 문을 사용하여 스크립트를 작성하고, 이를 이용하여 추가된 필드의 속성값을 계산한다.
- 스크립트 언어를 이용한 지오메트리 연산을 수행한다.
  - 점, 선, 면 등의 공간 데이터를 추가한 후 속성 데이터베이스를 연다.
  - 점 속성 데이터의 x, y 좌표 필드를 추가하고, 지오메트리 연산을 수행한다.
  - 선 속성 데이터에 길이 필드를 추가하고, 지오메트리 연산을 수행한다.
  - 면 속성 데이터에 면적, 길이, x 도심, y 도심 필드를 추가하고 지오메트리 연산을 수행한다.

01 다음 빈칸에 알맞은 것은?

> 공간정보 속성 필드의 유형은 ( ), ( ), ( ), ( ) 필드를 생성한다.

해설

외부 데이터베이스와의 조인 방법

- 속성 필드를 유형에 따라 생성한다.
- 벡터 데이터를 공간정보 소프트웨어에서 불러들인다.
- 데이터의 속성정보를 열고 정수 필드, 실수 필드, 텍스트 필드, 날짜 필드 등을 생성한다.

정답 정수, 실수, 텍스트, 날짜

02 다음 빈칸에 알맞은 것은?

> 속성 필드의 타입 중 Float는 ( ) 타입이다.

해설

속성 필드의 타입 결정

Short integer	2바이트 정수
Long integer	4바이트 정수
Float	실수(4바이트)
Double	배정도 실수(8바이트)
Text	텍스트(길이 지정 필요)
Date	날짜

정답 실수(4바이트)

03 속성 필드를 외부 데이터베이스와 조인하면서 수동으로 업데이트하는 방법을 설명하시오.

외부 데이터베이스와의 조인 방법
- 업데이트할 공간 데이터와 외부 데이터베이스의 공통된 키(Key)를 이용해 조인한다.
- 조인을 위한 사전 단계로 상용 프로그램을 이용하여 데이터베이스의 첫 번째 행(Row)을 필드명으로 두 번째 행부터 데이터베이스 레코드로 인식하도록 편집한다.
- 외부 데이터베이스의 첫 번째 열(Column)에 있는 코드와 행정구역을 분할하기 위한 과정을 실시한다.
- 동일한 키를 가진 두 개의 데이터베이스는 조인을 통해 하나의 데이터베이스로 통합된다.
- B 데이터베이스를 A 데이터베이스에 합칠 경우 하나로 합쳐질 A 데이터베이스를 선택한 후 조인을 실행한다.
- A 데이터베이스 중 공통키 필드를 선택한 후, B 데이터베이스에서도 공통키 필드를 선택하고 조인을 실행하면 데이터베이스를 업데이트하게 된다.

정답 해설 참조

04 속성 필드를 수동으로 업데이트를 하는 방법을 설명하시오.

속성 데이터 업데이트 방법
- 속성 데이터베이스를 수정 가능한 상태로 변경하기 위해서 편집 모드를 활성화한다.
- 마우스를 이용하여 속성값을 입력하여 속성값을 업데이트하고, 업데이트를 마친 후 편집된 내용을 저장한다.

정답 해설 참조

우리 인생의 가장 큰 영광은

결코 넘어지지 않는 데 있는 것이 아니라

넘어질 때마다 일어서는 데 있다

-넬슨 만델라-

PART 03
공간정보 처리·가공

공간정보융합기능사 실기

01 공간 데이터 변환하기

| 출제 기준 |

3.1.1 위치와 속성을 이용한 질의를 통해 특정 공간 데이터를 검색할 수 있다.

기출유형 07

위치를 이용한 공간 데이터의 검색과 속성을 이용한 공간 데이터의 검색의 예시는?

해설
- 위치를 이용한 검색에는 버퍼 기능을 통한 객체 검색, 두 객체 간의 관계를 통한 검색, 위치에 따라 세분화된 하위구역으로 구분하는 방식으로의 검색 등이 있다.
- 속성을 이용한 검색에는 벡터 데이터와 래스터 데이터에 필요한 대상을 검색조건하는 방식 즉, 표현식을 사용하여 검색하는 방식이 있다.

정답
- 위치를 이용한 공간 데이터의 검색
  - 서울시의 각 노선별 전철역으로부터 접근성이 낮은 공공기관 찾기
  - 서울시의 각 구별 공원녹지 찾기
  - 서울시의 각 전철역을 동별 경계에 따라 구분하고, 구분된 각 동별 전철역에 동일한 속성값을 부여함으로써 필요한 데이터를 찾기
- 속성을 이용한 공간 데이터의 검색
  - 서울시 상가 정보로부터 '공간정보'라는 상호를 포함하는 커피전문점 찾기
  - 수치표고모델(DEM)에서 높이 100미터 이상인 영역 찾기

족집게 과외

❶ 위치를 이용한 질의
  ㉠ 버퍼 기능을 통한 객체 검색 방법
    • 필요성
      특정 지점 또는 영역으로부터 일정 거리이내에 위치한 공간 데이터를 검색하기 위함
      예 서울시의 각 노선별 전철역으로부터 접근성이 낮은 공공기관 찾기
    • 검색 방법 및 과정
      - 레이어에서 검색의 기준이 되는 원점 또는 점 · 선 · 면 레이어 설정
      - 설정된 검색 기준점 또는 점 · 선 · 면 레이어로부터 버퍼 거리 설정
      - 설정된 기능에 따라 버퍼 레이어 생성

– 버퍼 레이어와 검색 대상 레이어와의 검색 기준 즉, '교차영역' 수행
– 검색된 결과물의 속성 테이블로부터 필요한 정보 추출

ⓛ 두 객체 간의 관계를 통한 검색
• 필요성
두 레이어 상의 객체에 대한 공간관계에 따라 원하는 객체를 검색하기 위함
예 서울시의 각 구별 공원녹지 찾기
• 검색 방법
벡터 레이어에서 두 레이어에 있는 객체 간의 공간 관계를 바탕으로 객체를 선택하게 됨

▲ 공간분석 소프트웨어 상에서 위치를 통한 객체 검색 방법(QGIS 3.28 Firenze)

ⓒ 위치에 따라 세분화된 하위구역으로 구분하는 방식으로의 검색
• 필요성
특정 구역의 점 데이터에 대해 세분화된 하위구역으로 구분하여 공간 데이터를 검색하고, 각 구역별로 새로운 속성을 부여하는 방식으로의 검색
예 서울시의 각 전철역을 동별 경계에 따라 구분하고, 구분된 각 동별 전철역에 동일한 속성값을 부여하기

- 속성 결합의 유형
  - 일치하는 객체에 대해 각각의 객체 만들기(1대 다)
  - 첫 번째로 일치하는 객체의 속성만 가져오기(1대1)
  - 최대 중첩 영역을 가진 객체의 속성만 가져오기(1대1)

▲ 공간분석 소프트웨어 상에서 위치에 따라 영역을 구분하고 새로운 속성을 부여함으로써
객체를 검색하는 방법(QGIS 3.28 Firenze)

❷ 속성을 이용한 질의

㉠ 벡터 데이터
- 속성 테이블 상의 속성을 대상으로 주어진 검색조건을 만족시키는 공간객체를 찾는 방식의 검색
- 속성 테이블의 필터 표현식에 따라 검색

  📙 서울시 상가 정보로부터 '공간정보'라는 상호를 포함하는 커피전문점 찾기

  [커피전문점(카페, 다방)의 상권 업종 소분류 코드 : Q12A01]

  필터 표현식
  ("상권 업종 소분류 코드" = 'Q12A01') AND ("상호명" Like '%공간정보%')

  [설명]
  문자열 비교 연산자 : LIKE
  문자열에서 와일드카드 '%'를 사용하여 원하는 문자가 포함된 자료를 검색
  와일드카드 '%' 자리에는 어떠한 문자가 존재해도 상관없음
  와일드카드 '_'를 단수 또는 복수 개를 사용함으로써 검색할 문자열의 자릿수를 결정하여 검색

ⓛ 래스터 데이터

'래스터 계산기'의 '래스터 계산기 표현식'을 이용해 검색

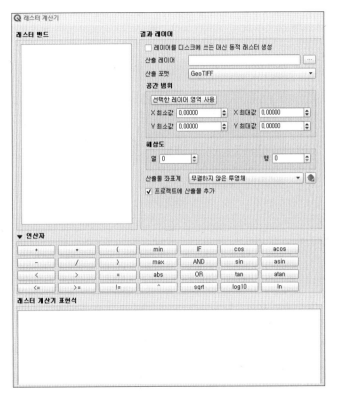

▲ '래스터 계산기'의 '래스터 계산기 표현식'을 사용한 검색(QGIS 3.28 Firenze)

예 수치표고모델(DEM)에서 높이 100미터 이상인 영역 찾기

래스터 계산기 표현식

("elevation@1" >= 100) * "elevation@1"

설명

표현식 ("elevation@1" >= 100)에 따라 래스터 레이어 'elevation'에서 표고값이 100m 이상인 모든 픽셀은 값 1을
반환하고, 100m 미만인 픽셀은 0을 반환한다.

이 결과물에 대해 자신의 레이어를 곱하는 연산을 하게 되면 조건을 만족하는 1의 픽셀값만을 검색해서 추출할 수 있다.
이때 사용하는 '@1'의 의미는 래스터 레이어 이름 뒤에 '@'를 붙이고 래스터 레이어의 밴드 번호를 추가한 것이다.

01 '위치를 이용한 질의'를 위해 '두 객체 간의 관계를 통한 검색'을 수행하고자 한다. 다음 그림에서 주어진 사각형과의 관계에 대해 교차(Intersection), 접촉(Touch), 공간교차(Cross) 등의 관계가 있는 객체를 선택하시오.

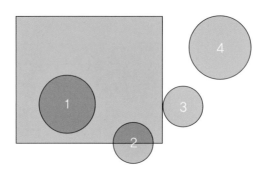

교차 (   ), 접촉 (   ), 공간교차 (   )

해설
- 교차(Intersect)
  각 객체들이 중첩 또는 접하는 경우에는 값 1을 반환하고 교차하지 않는 경우 값 0을 반환한다.
- 접촉(Touch)
  서로 다른 객체가 접하는지를 확인한다. 객체가 최소한 포인트 1개를 공유하지만 각 객체의 내부가 교차하지 않는 경우 값 1을 반환한다.
- 공간교차(Cross)
  폴리곤 객체와 폴리곤 객체의 교차는 폴리곤으로 값은 0이 된다.

정답 교차 (1번, 2번 및 3번), 접촉 (3번), 공간교차 (없음)

02 서울시 상가 정보로부터 '공간정보'라는 상호를 포함하는 커피전문점을 검색하기 위한 표현식을 쓰시오. (단, 커피전문점의 분류코드는 'Q12A01'이며, 문자열 비교 연산자인 'LIKE'를 사용하시오)

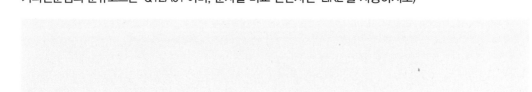

해설
분류코드와 상호명은 필드명이므로 쌍따옴표를 사용하고, 필드의 값은 홑따옴표를 사용하여 표현한다.

정답 표현식 : ("분류코드" = 'Q12A01') AND ("상호명" Like '%공간정보%')

03 수치표고모델(DEM)에서 높이 500미터 이상인 영역을 검색하기 위한 표현식을 쓰시오.

해설
표현식에서 높이 500m 이상인 조건을 만족하면 값 1을 반환하므로, 여기에 자신의 값을 곱하여 필요한 지역만을 검색할 수 있다.

정답 표현식 : ("elevation@1" >= 500) * "elevation@1"

3.1.2 비공간 데이터를 공간 데이터와 결합할 수 있다.

기출유형 08

비공간 데이터와 공간 데이터의 결합 예시는?

해설

서울시 동별 인구수(인구조사에 의한 통계값, 비공간 데이터)와 서울시 동 단위의 행정경계(공간 데이터)를 '동 이름'을 기준으로 결합하고, 이렇게 결합된 결과에 따라 가장 인구수가 많은 동과 적은 동을 검색하는 것이다.

정답

서울시 동별 인구수(인구조사에 의한 통계값, 비공간 데이터)와 서울시 동 단위의 행정경계(공간 데이터)의 결합

족집게 과외

❶ 결합할 파일의 설정

　㉠ 기존의 벡터 레이어(공간 데이터)

　　합이 이루어질 대상 객체

　　예 서울시 동 경계

　㉡ 관측치, 통계값 등의 속성을 지닌 CSV 파일(비공간 데이터)

　　• 추가할 속성 및 그 값을 지닌 파일

　　• 결합 기준에 따라 벡터 레이어의 속성 필드로 결합

　　예 서울시 동별 인구수

　㉢ 결과 레이어

　　새로운 속성 필드가 결합된 결과물

　　예 서울시 동경계와 이에 따른 각 동별 인구수

❷ 결합 방법

　㉠ 결합을 위해 사용할 두 번째(결합) 레이어의 필드(필드 유형은 입력 테이블의 필드 유형과 동일해야 결합 가능)

　㉡ 결합 유형

　　최종 결합 레이어의 유형 지정

　　• 1대1의 관계 : 처음으로 일치하는 피처의 속성만 가져옴

　　• 1대 다의 관계 : 일치하는 각 피처마다 개별 피처 생성

© 결합된 필드에 대한 처리
  • 방법
    – 결합된 필드명에 접두어 추가
    – 결합된 필드명을 기존의 결합 전 두 필드명에 기호 등을 사용하여 병기
  • 접두어 또는 기호 추가 목적
    – 결합된 필드를 용이하게 식별할 수 있도록 함
    – 기존의 필드명과 혼동되거나 중복되지 않도록 하기 위한 방지방안

❸ 산출 결과물(결과 레이어 상의 항목)
  ㉠ 결합으로 추가된 속성을 가진 결과물(벡터 레이어)
  ㉡ 입력 테이블과 결합된 객체의 수
  ㉢ 입력 테이블과 결합되지 않은 객체의 수
  ㉣ 일치하지 않아 결합이 이루어지지 않은 객체를 담은 벡터 레이어

01 공간 데이터와 비공간 데이터를 필드값에 따라 결합하였을 경우 수행 결과 레이어 상의 항목으로는 아래의 보기 외에 어떤 것들이 있을 수 있는가?

> • 입력 테이블과 결합된 객체의 수
> • 입력 테이블과 결합되지 않은 객체의 수
> • 일치하지 않아 결합이 이루어지지 않은 객체를 담은 벡터 레이어

해설

공간 데이터와 비공간 데이터를 필드값에 따라 결합하였을 경우 수행 결과 레이어 상의 항목은 다음과 같다.
• 결합으로 추가된 속성을 가진 결과물(벡터 레이어)
• 입력 테이블과 결합된 객체의 수
• 입력 테이블과 결합되지 않은 객체의 수
• 일치하지 않아 결합이 이루어지지 않은 객체를 담은 벡터 레이어

정답 결합으로 추가된 속성을 가진 결과물(벡터 레이어)

02 공간 데이터와 비공간 데이터를 필드값에 따라 결합하였을 경우 결합된 필드를 용이하게 식별할 수 있도록 하고, 기존의 필드명과 혼동되거나 중복되지 않도록 하기 위한 방안은 무엇인가? (두 가지 이상의 방법을 제시하시오)

해설

• 결합된 필드를 용이하게 식별할 수 있도록 한다.
• 기존의 필드명과 혼동되거나 중복되지 않도록 하기 위한 방지 방안이다.

정답

• 결합된 필드명에 접두어를 추가한다.
• 결합된 필드명을 기존의 결합 전 두 필드명에 기호(+, *) 등을 사용하여 병기한다.

기출유형 09

데이터 개체(Entity), 속성(Attribute), 관계(Relationship) 및 데이터 조작 시 데이터 값들이 갖는 제약 조건 등을 설명하고 있는 것은?

해설
공간자료 스키마는 특정 구현에 대한 모델이 아닌 추상적인 정보모델이다. 우리나라 국가표준에 의해 공간자료의 기하객체모델(KS X ISO19125- 1:2007)을 정의하고 있다.

정답 스키마

족집게 과외

❶ 스키마
  ㉠ 정의
    데이터 개체(Entity), 속성(Attribute), 관계(Relationship) 및 데이터 조작 시 데이터 값들이 갖는 제약 조건 등의 설명
  ㉡ 공간자료 모델
    • 필드기반모델
      – 공간을 연속적인 속성값으로 표현
      – 래스터 데이터 모델
    • 객체기반모델
      – 점의 집합인 객체로서 표현
      – 벡터 데이터 모델

❷ 상이한 공간 데이터 모델 간의 변환 시 적정한 스키마 변경방법
  ㉠ 래스터 데이터에서 벡터 데이터로의 변환
    • 변환을 위한 래스터 데이터의 입력 인자
      – 좌표체계(데이터의 영역을 포함하는 최소 및 최대 좌푯값)
      – 밴드 번호
        ⓐ 단일 밴드인 경우 '밴드 1(Gray)'로 지정
        ⓑ 다중 밴드인 경우 변환하기 위한 밴드 번호 지정
      – 생성할 필드의 이름
      – 주변 픽셀과의 연결성(4방향 또는 8방향) : 래스터 픽셀이 연결된 것으로 설정하고자 할 경우, 4방향 또는 8방향으로의 주변 픽셀들과 동일한 값으로 접촉되고 있음을 설정
      – 산출물로서의 벡터 파일명

ⓛ 벡터 데이터에서 래스터 데이터로의 변환

변환을 위한 벡터 데이터의 입력 인자

- 좌표체계(데이터의 영역을 포함하는 최소 및 최대 범위)
- 래스터 데이터의 픽셀로 변환하기 위한 벡터 데이터의 속성 필드
- 모든 밴드의 초기화 값으로 주어질 값(기본적으로 '0.0'의 값)
- 벡터 데이터 상의 객체가 갖고 있는 'Z' 값 유무(True/False)
  - 포인트 및 라인 : 각 선분을 따라 선형보간을 통해 값을 결정
  - 폴리곤 : 모든 Z값이 동일한 경우(평면)에만 적용
- 변환 결과인 래스터 데이터의 크기와 해상도를 정의할 때 사용할 단위(픽셀 또는 지리참조 단위)
- 변환 결과인 래스터 데이터의 크기, 즉 너비×높이(픽셀 단위) 또는 수평해상도×수직해상도(지리참조 단위)
- 변환 결과인 래스터 데이터의 각 밴드에 지정한 NODATA 값(기본적으로 '0.0'의 값)
- 변환 결과인 래스터 데이터의 포맷(QGIS 3.28 Firenze의 경우)
  - Byte[8비트 부호 없는 정수(Quint8)]
  - Int16[16비트 부호 있는 정수(Qint16)]
  - UInt16[16비트 부호 없는 정수(Quint16)]
  - UInt32[32비트 부호 없는 정수(Quint32)]
  - Int32[32비트 부호 있는 정수(Qint32)]
  - Float32[32비트 부동소수점형(Float)]
  - Float64[64비트 부동소수점형(Double)]
  - CInt16(Complex Int16)
  - CInt32(Complex Int32)
  - CFloat32(Complex Float32)
  - CFloat64(Complex Float64)

01 다음 괄호 안에 들어갈 내용으로 적합한 것은?

> 공간자료 모델은 (㉠) 모델로 공간을 연속적인 속성값으로 표현하는 래스터 데이터 모델과 (㉡) 모델로 점의 집합인 객체로서 표현하는 벡터 데이터 모델로 구분할 수 있다.

해설
점진적이고 연속적으로 변화되는 것을 필드기반모델로, 구체적인 대상으로 표현할 수 있는 것을 객체기반모델로 구분한다.

정답 ㉠ : 필드기반, ㉡ : 객체기반

02 벡터 데이터로 변환하기 위한 래스터 데이터의 입력 인자는? (세 가지 이상 제시하시오)

해설
변환될 래스터 데이터의 특성을 설명하는 내용이며, 마지막은 산출 결과가 되는 벡터 파일의 이름이다.

정답
래스터 데이터의 입력 인자
• 좌표체계
• 밴드 번호
• 생성할 필드의 이름
• 주변 픽셀과의 연결성
• 산출물로서의 벡터 파일명 등

03 래스터 데이터로 변환하기 위한 벡터 데이터의 입력 인자는? (세 가지 이상 제시하시오)

해설

변환될 벡터 데이터의 특성을 설명하는 내용이며, 변환 결과가 되는 래스터 데이터에 대한 여러 특성을 변환 전에 미리 정의하여야 한다.

정답

벡터 데이터의 입력 인자

- 좌표체계
- 래스터 데이터의 픽셀로 변환하기 위한 벡터 데이터의 속성 필드
- 모든 밴드의 초기 설정값
- 벡터 데이터상의 객체가 갖고 있는 'Z' 값 유무
- 변환 결과인 래스터 데이터의 크기와 해상도를 정의할 때 사용할 단위
- 변환 결과인 래스터 데이터의 크기
- NODATA 값의 지정
- 변환 결과인 래스터 데이터의 포맷 등

3.1.4 스캐닝과 디지타이징을 통해 래스터 데이터를 벡터 데이터로 변환할 수 있다.

기출유형 10

스캐닝을 통한 벡터화의 순서를 올바르게 나열하면?

ㄱ. 벡터 데이터 저장   ㄴ. 벡터타입 변환
ㄷ. 스캐닝 환경 설정 및 스캐닝   ㄹ. 변환 데이터(종이도면 등) 수집
ㅁ. 변환 방법(대상 자료, 변환과정 확인 등)의 결정   ㅂ. 좌표변환

해설
대상 자료에 대한 변환 방법을 결정하고, 데이터를 이에 맞게 수집한 뒤 스캐닝을 수행한다. 이후 벡터타입으로 변환하고 좌표
체계까지 변환한 다음 데이터를 저장한다.

정답
ㅁ. 변환 방법(대상 자료, 변환과정 확인 등)의 결정 → ㄹ. 변환 데이터(종이도면 등) 수집 → ㄷ. 스캐닝 환경 설정 및 스캐닝 →
ㄴ. 벡터타입 변환 → ㅂ. 좌표변환 → ㄱ. 벡터 데이터 저장

족집게 과외

❶ 스캐닝을 통한 벡터 데이터로의 변환

ㄱ 정의

스캐닝된 래스터 데이터를 벡터라이징 소프트웨어를 사용하여 자동 및 반자동 방법으로 벡터 데이터로 변환

ㄴ 스캐닝을 통한 벡터화의 순서

- 변환 방법(대상 자료, 변환과정 확인 등)의 결정
- 변환 데이터(종이도면 등) 수집
- 스캐닝 환경 설정 및 스캐닝
- 벡터타입 변환
- 좌표변환
- 벡터 데이터 저장

ㄷ 벡터타입 변환의 세부 단계

- 전처리 단계
  - 필터링 단계(Filtering)
    ⓐ 스캐닝 된 래스터 데이터에 존재하는 여러 종류의 잡음(Noise)을 제거
    ⓑ 이어지지 않은 선을 연속적으로 이어주는 처리 과정

- 세선화 단계(Thining)
  - ⓐ 필터링 단계를 거친 두꺼운 선을 가늘게 만들어 처리할 정보의 양을 감소시키고 벡터 데이터의 정확도를 높게 만드는 단계
  - ⓑ 벡터의 자동화 처리에 따른 품질에 많은 영향을 끼침
- 벡터화 단계
  전처리를 거친 래스터 데이터는 벡터화 단계를 거쳐 벡터구조로 전환
- 후처리 단계
  - 벡터화 단계로 얻은 결과의 처리단계
  - 경계를 매끄럽게 하고, 라인 상의 과도한 점(Vertex)을 제거 또는 정리
  - 벡터 데이터의 객체 단위로 위상 부여 및 편집
② 벡터 변환에 따른 벡터 데이터의 유의사항
- 래스터 데이터의 공간해상도와 스캐닝 조건, 벡터화 소프트웨어에 따라 결과의 품질이 달라질 수 있음
- 공간객체들이 연결되지 못하거나 연결되지 말아야 할 것들이 연결될 수 있음
- 계단식의 선이 지그재그로 나타날 수 있음
- 문자나 숫자, 심볼 등의 불필요한 요소가 벡터 데이터로 변환될 수 있음
- 변환 과정에서 정보의 손실이 발생하여 원 자료보다 정확도가 낮아질 수 있음

❷ **디지타이징을 통한 벡터 데이터로의 변환**
㉠ 디지타이징(Digitizing)의 정의
- 기존의 종이지도를 디지타이저(Digitizer) 위에 올려두고 퍽(Puck) 또는 마우스를 사용해서 벡터 데이터를 입력하는 작업
- 스캐닝된 래스터 데이터를 기준 좌표계로 변환한 뒤 스크린 상에서 마우스를 사용하여 벡터 데이터를 입력하는 작업
㉡ 디지타이징을 통한 데이터 변환 시의 주의점
- 디지타이징 작업을 위해서는 기준 좌표계가 미리 설정되어 있어야 함
- 디지타이저를 사용할 경우 디지타이저의 물리적 정밀도에 유의하여 작업 진행
- 벡터 데이터를 입력할 때 허용오차(스내핑 톨러런스, Snapping Tolerance)의 설정에 따라 벡터 객체의 오류가 발생하지 않도록 유의

01 벡터타입으로 변환하기 위해서 스캐닝 된 래스터 데이터에 존재하는 여러 종류의 잡음(Noise)을 제거하는 단계는?

해설

필터링 단계(Filtering)

• 스캐닝 된 래스터 데이터에 존재하는 여러 종류의 잡음(Noise)을 제거한다.

• 이어지지 않은 선을 연속적으로 이어주는 처리 과정이다.

정답 필터링 단계(Filtering)

02 벡터타입으로의 변환을 위하여 필터링 단계를 거친 두꺼운 선을 가늘게 만들어서 처리할 정보의 양을 감소시키고 벡터 데이터의 정확도를 높게 만드는 단계는?

해설

세선화 단계(Thining)

• 필터링 단계를 거친 두꺼운 선을 가늘게 만들어 처리할 정보의 양을 감소시키고 벡터 데이터의 정확도를 높게 만드는 단계이다.

• 벡터의 자동화 처리에 따른 품질에 많은 영향을 끼친다.

정답 세선화 단계(Thining)

03 벡터타입으로의 변환과정에서 벡터의 자동화 처리에 따른 품질에 많은 영향을 주는 단계는?

[해설]
세선화 단계는 필터링 단계를 거친 두꺼운 선을 가늘게 만들어 처리할 정보의 양을 감소시키고 벡터 데이터의 정확도를 높게 만드는 단계이므로 품질에 많은 영향을 미친다.

[정답] 세선화 단계(Thining)

04 벡터타입으로의 변환 단계 가운데 후처리 단계에서 해야 하는 것은?

[해설]
후처리 단계에서 벡터화 단계로 얻은 결과를 정리하고 위상을 부여하게 된다.

[정답]
• 경계를 매끄럽게 하고, 라인 상의 과도한 점(Vertex)을 제거 또는 정리
• 벡터 데이터의 객체 단위로 위상 부여 및 편집

3.1.5 적정한 내삽 방법 및 셀 크기를 선택하여 벡터 데이터를 래스터 데이터로 변환할 수 있다.

기출유형 11

벡터 데이터를 래스터 데이터로 변환하려고 한다. 벡터 데이터와 래스터 데이터가 중첩되어 있을 때, 해당 위치에 벡터 데이터 값이 있는지, 없는지의 유무에 따라 값을 부여하는 방법은?

해설
이 방식은 화소값의 결정이 용이하며, 벡터 데이터가 점 또는 선분일 경우 유용하게 적용된다.

정답 존재/부재(Presence/Absence) 방법

족집게 과외

❶ 각 요소별 래스터 데이터로의 변환 방법
　㉠ 점
　　• 가장 단순하고 용이함
　　• 벡터 데이터의 점을 그 위치의 래스터 데이터의 화소값으로 변환
　㉡ 선
　　• 수평선이나 수직선을 제외하고는 선과 래스터 데이터의 픽셀 중심이 정확하게 일치되지 않을 수 있음
　　• 벡터 데이터와 래스터 데이터의 픽셀 간의 상태에 따라 픽셀 값 결정
　㉢ 면(내부가 채워진 폴리곤)
　　폴리곤의 내부 및 경계선과 래스터 데이터의 픽셀 간의 상태에 따라 픽셀 값 결정

❷ 벡터 데이터와 래스터 데이터의 픽셀 간의 상태에 따른 픽셀 값의 결정 방법
　㉠ 존재/부재(Presence/Absence) 방법
　　• 벡터 데이터와 래스터 데이터가 중첩되어 있을 때, 해당 위치에 벡터 데이터 값이 있는지 없는지의 유무에 따라 값을 부여하는 방식
　　• 장점
　　　– 화소값의 결정이 용이
　　　– 벡터 데이터가 점 또는 선분일 경우 유용하게 적용
　㉡ 화소 중심점(Centroid of Cell) 방법
　　• 선형 벡터 데이디의 경계선이 어디를 지나는지에 따라 화소값이 결정되는 것으로, 대상 화소의 중심점이 벡터 데이터의 어느 영역에 해당하느냐에 따라 화소의 값이 결정됨
　　• 점과 선형의 벡터 데이터에는 부적합
　　• 폴리곤 유형에만 적용

ⓒ 지배적 유형(Dominant Type) 방법
- 두 개 클래스 이상의 폴리곤 자료가 하나의 화소에 동시에 걸쳐 있을 때, 50% 이상 차지하고 있는 폴리곤의 클래스 값으로 화소값 결정
- 폴리곤 유형에만 적용

ⓔ 발생 비율(Percent Occurrence) 방법
- 두 개 클래스 이상의 폴리곤 자료가 하나의 화소에 동시에 걸쳐 있을 때, 각 폴리곤의 점유 면적 비율에 따라 각 화소값 결정
- 각 속성별로 상세하게 구분하여 부여할 수 있으나 세 가지 이상의 다양한 속성값을 가진 폴리곤 자료의 경우 화소값을 부여하는 데 제약이 따름
- 폴리곤 유형에만 적용

01 벡터 데이터를 래스터 데이터로 변환하려고 한다. 선형 벡터 데이터의 경계선이 어디를 지나는지에 따라 화소 값이 결정되는 것으로, 대상 화소의 중심점이 벡터 데이터의 어느 영역에 해당하느냐에 따라 화소의 값이 결정되는 방법은?

[해설]
화소 중심점 방법은 점과 선형의 벡터 데이터에는 부적합하여, 폴리곤 유형에만 적용한다.

[정답] 화소 중심점(Centroid of Cell) 방법

02 벡터 데이터를 래스터 데이터로 변환하려고 한다. 두 개 클래스 이상의 폴리곤 자료가 하나의 화소에 동시에 걸쳐 있을 때, 50% 이상 차지하고 있는 폴리곤의 클래스 값으로 화소값을 결정하는 방법은?

[해설]
지배적 유형 방법은 폴리곤 유형에만 적용한다.

[정답] 지배적 유형(Dominant Type) 방법

03 벡터 데이터를 래스터 데이터로 변환하려고 한다. 두 개 클래스 이상의 폴리곤 자료가 하나의 화소에 동시에 걸쳐 있을 때, 각 폴리곤의 점유 면적 비율에 따라 각 화소값을 결정하는 방법은?

[해설]
각 속성별로 상세하게 구분하여 부여할 수 있으나, 세 가지 이상의 다양한 속성값을 가진 폴리곤 자료의 경우 화소값을 부여하는데 제약이 따른다. 폴리곤 유형에만 적용한다.

[정답] 발생 비율(Percent Occurrence) 방법

| 출제 기준 |

3.2.1 공간위치 보정을 위한 변환 방법의 종류와 특징을 설명할 수 있다.
3.2.3 정확한 위치 보정을 위해 변환 방법의 특성에 맞게 조합하여 사용할 수 있다.

기출유형 12

큰 차원 공간의 점들을 작은 차원의 공간으로 매핑하는 변환으로, 3차원 공간을 2차원 평면으로 변환하는 것은?

[해설]
투영변환은 3차원 공간을 2차원 평면으로 변환하는 데 사용된다.

[정답] 투영(Projective)변환

족집게 과외

❶ 공간 데이터의 위치 보정

㉠ 목적

　　공간객체 간에 발생하는 정렬 문제를 해결하여, 공간객체를 올바른 위치에 정확하게 위치시키는 것

㉡ 필요성

　• 디지타이징이나 스캐닝을 통해 입력된 데이터

　　센티미터 같은 입력장치 단위를 사용하는데, 이를 실세계 좌표 단위를 사용하는 기존 데이터와 일치하게 하려는 작업이 필요함

　• 데이터가 모두 동일한 기준 체계를 가지고 있지만, 동일한 위치로 정렬되지 않는 경우

　　– 데이터가 서로 다른 축척에서 생성되거나 원본의 정밀도가 다를 경우에 발생

　　– 투영을 통한 좌표체계 변환으로만 수정될 수가 없기 때문에 변위 링크를 사용, 이후 링크에 맞추어 변환 진행

❷ 위치 보정 방법

㉠ 변환(Transformation)

　• 입력 레이어의 전체 객체에 동일하게 영향을 미치는 방법

　• 평균제곱근오차(Root Mean Square Error) 값이 계산되어 산출된 변환의 정확도를 판단할 수 있음

　• 유사(Similarity)변환

　　– 정사변환 또는 2차원 선형변환

　　– 유사한 두 좌표체계 간의 데이터를 조정하는 데 사용

　　– 동일한 좌표체계에서 데이터의 좌표단위를 변경할 때 사용

　　– 공간객체의 이동, 회전, 확대, 축소(x, y 방향으로 동일한 확대, 축소 비율) 가능

－ 적어도 2개 이상의 변위 링크 생성 필요

　　　－ 정사각형의 변환 결과는 정사각형을 그대로 유지

　　• 아핀(Affine)변환

　　　－ 유사변환과 유사하지만, 축척 요소를 추가하여 회전될 때 피처의 형태가 비틀어지는 것을 허용

　　　－ 디지타이징 자료를 실세계 좌표로 변경할 때 주로 사용

　　　－ 적어도 3개 이상의 변위 링크가 필요

　　　－ 평균제곱근오차를 최소화하는 통계적 기법에 의해 변환

　　　－ 가장 많이 사용되는 변환기법

　　• 투영(Projective)변환

　　　－ 큰 차원 공간의 점들을 작은 차원의 공간으로 매핑하는 변환으로, 3차원 공간을 2차원 평면으로 변환하는 것

　　　－ 고위도 지역이나 상대적으로 평평한 지역의 항공사진을 직접 디지타이징하여 데이터를 생성한 경우에 사용

　　　－ 항공사진으로부터 직접 얻은 데이터를 변환하는 데 주로 사용

　　　－ 최소 4개의 변위 링크가 필요

ⓛ 러버시트(Rubber Sheet)

　　• 정의

　　　레이어 전체를 대상으로 하거나 레이어 내 선택된 일부 피처에 적용되는 변환

　　• 특징

　　　－ 오차를 계산하지 않는 방법

　　　－ 특정 부분을 정확하게 표현하고자 할 때 사용

　　• 방법

　　　정확한 레이어를 기준으로 고정점은 유지하며, 피처를 직선 형태가 유지되도록 당겨줌

　　• 활용

　　　－ 좌표의 기하학적 보정

　　　－ 공간위치 보정 후에 데이터 세부 조정으로 사용

　　　－ 좌표 사이에 좀 더 정확한 일치 가능

　　　－ 조정이 필요한 데이터 전체 또는 특정 지역만 사용 가능

　　　－ 조정하지 않을 위치에 고정점 링크 지정

ⓒ 엣지 스냅(Edge Snap) 또는 경계 일치(Edge Matching)

　　• 정의

　　　러버시트 기법을 레이어의 가장자리에 적용한 방법

　　• 특징

　　　오차를 계산하지 않는 방법

　　• 방법

　　　부정확한 레이어를 정확한 레이어로 이동시키거나 둘 사이의 중간 지점으로 각각의 피처를 이동시켜 연결

　　• 활용

　　　주로 지도와 지도의 경계선(등고선, 도로 등)이 일치하지 않는 경우 사용

　　• 세부 처리 요령

　　　－ 인접한 레이어의 경계가 일치하지 않을 때 경계를 일치시킴

　　　－ 덜 정확한 데이터를 조정함으로써 하나의 레이어만 이동

　　　－ 데이터의 정확성 우위를 판단할 수 없는 경우 중간 위치로 조정(조정 후에는 속성 일치와 데이터를 통합)

01 다음 그림과 같은 변환의 이름은 무엇인가? (이때 점선 사각형이 원본이며, 실선 사각형이 결과이다)

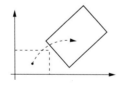

해설

해설

유사변환은 임의의 회전 및 위치 이동, 축척변환을 의미한다. 확대 및 축소 비율은 x, y 방향으로 동일하기 때문에 원래 객체의 형태를 그대로 유지한다.

정답 유사변환

02 다음 그림과 같은 변환의 이름은 무엇인가? (이때 점선 사각형이 원본이며, 실선 사각형이 결과이다)

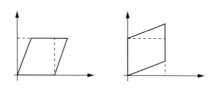

해설

선형변환과 이동변환을 동시에 지원하는 변환으로, 변환 후에도 변환 전의 평행성과 비율을 보존한다.

정답 전단변환

03 다음 그림과 같은 변환의 이름은 무엇인가? (이때 점선 사각형이 원본이며, 실선 사각형이 결과이다)

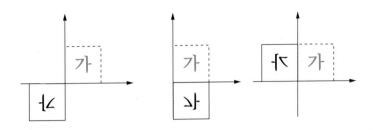

해설
선형변환과 이동변환을 동시에 지원하는 변환으로 변환 후에도 변환 전의 평행성과 비율을 보존한다. 비교적 작은 지역의 영상에서 심하지 않은 왜곡에 대해 6변수의 일차 선형변환이 영상 보정에 적합하다.

정답 반사변환

04 (A) 그림은 변환 전, (B) 그림은 변환 후의 결과를 그린 그림이다. 이와 같은 변환의 유형은 무엇인가?

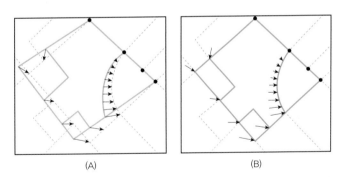

(A)   (B)

출처 : 교육부, 「공간정보 데이터 수집 · 처리 · 가공(LM1402030404_21v2)」, 한국직업능력개발원, p.43

해설
러버시트는 레이어 전체를 대상으로 하기도 하지만 레이어 특정 부분을 정확하게 변환하고자 할 때 선택된 일부 객체에 적용된다.

정답 러버시트

05 다음 괄호 안에 들어갈 내용은?

> ( )은/는 주로 지도와 지도의 경계선(등고선, 도로 등)이 일치하지 않는 경우 사용하는 것으로, 덜 정확한 데이터를 조정함으로써 하나의 레이어만 이동시킨다. 이때 데이터의 정확성 우위를 판단할 수 없는 경우 중간 위치로 조정한다.

해설
엣지 스냅(Edge Snap) 또는 경계 일치(Edge Matching)에 대한 설명이다.

정답 엣지 스냅(경계 일치)

06 다음 그림과 같이 주어진 영역 내의 객체에 대해 위치 변환을 수행할 수 있도록 하는 방법은?

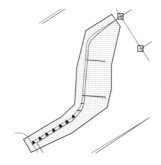

해설
조정하려는 객체의 주변에 영역을 설정하여 변환을 수행한다. 영역 밖의 객체에 대해서는 변환에 따른 영향을 받지 않는다.

정답 러버시트

기출유형 13

위치 보정을 위해 변환할 데이터와 기준 데이터의 관계를 생성해 주는 것으로, 변환할 위치에서 기준 데이터의
위치 방향으로 화살표와 선을 사용하여 표기하는 것은?

해설
위치 보정을 위해 생성한 변위 링크를 좌표로 보여주는 링크 테이블(Link Table)을 사용하여 보정을 수행한다.

정답 변위 링크(Displacement Link)

족집게 과외

❶ 변위 링크(Displacement Link)

ㄱ 정의

위치 보정을 위해 변환할 데이터와 기준 데이터의 관계를 생성해 주는 것

ㄴ 표기

변환할 위치에서 기준 데이터의 위치 방향으로 화살표와 선을 사용하여 표기

ㄷ 변위 링크의 지정

- 링크는 스내핑 설정을 이용하여 직접 지정
- 좌표가 저장되어 있는 링크 파일 사용

❷ 링크 테이블(Link Table)

ㄱ 정의

위치 보정을 위해 생성한 변위 링크를 좌표로 보여주는 표

ㄴ 링크 테이블의 내용

- 보정 전 기준점 X, Y 좌표
- 보정 후 X, Y 좌표
- 잔차 및 평균제곱근오자

ㄷ 특징

링크 테이블은 변위 링크와 1:1로 대응

❸ 변위 링크의 수정 및 삭제

- 링크 테이블에서 평균제곱근오차를 확인한 후, 높은 평균제곱근오차를 만드는 링크(일반적으로 잔차가 크게 나타남)를 삭제
- 링크 테이블에서 링크가 삭제되면 화면에서도 변위 링크가 삭제됨
- 링크의 X, Y 좌표에 오류가 있을 경우, 링크를 수정해서 평균제곱근오차(RMSE)를 줄일 수 있음

❹ 변위 링크를 사용한 위치 보정 과정

　ⓐ 보정 목적의 확인

　　보정하고자 하는 자료와 기준이 되는 자료의 좌표체계와 정확도 확인

　ⓑ 변환 방법 선택

　　• 유사변환, 아핀변환, 투영변환 등의 방법 가운데 적합한 방법 선택

　　• 변환을 위한 기준 좌표와 변환 대상 좌표 정의

　ⓒ 변위 링크 생성

　　• 정확한 지점 선택을 위한 스내핑 설정

　　• 보정하고자 하는 데이터를 선택한 뒤 기준이 되는 데이터 선택(보정 전 자료로부터 기준 데이터로 화살표 모양
　　　의 그래픽 링크를 생성)

　　• 이때 스내핑이 적절하게 설정되어 있는지 확인

　　• 화살표로 연결된 변위 링크를 확인하며, 필요한 만큼 추가로 링크 연결

　　• 모든 변위 링크를 연결한 뒤, 각 변위 링크의 좌푯값을 링크 테이블에서 확인

　　• 링크 테이블에서 변위 링크를 추가하거나 수정 또는 삭제

　ⓓ 생성된 변위 링크의 링크 테이블 표시 확인

　　• 링크 테이블에 표현된 변위 링크 개수 확인

　　• 변위 링크의 모든 좌푯값 확인

　ⓔ 각 변위 링크의 잔차 확인

　　변위 링크의 잔차가 큰 값부터 확인하며, 필요시 오류가 큰 값부터 링크 삭제

　ⓕ 링크의 위치를 살펴보며 잘못 지정된 위치가 있는지 확인하고 수정

　　• 변위 링크 테이블과 화면을 확인하며 각 링크의 적절성 확인

　　• 잘못 지정된 변위 링크가 있다면 이를 수정하거나 삭제하고, 평균제곱근오차의 증감 확인

　ⓖ 평균제곱근오차가 원하는 수준 이하일 경우 위치 보정을 위한 변환 실행

　ⓗ 변환된 레이어와 기준 레이어의 중첩상태 확인

　　• 변환된 레이어와 기준 레이어를 중첩하여 확인

　　• 레이어의 공간객체가 벌어져 있거나 겹쳐있는 경우, 오류 수정

　ⓘ 수정이 완료되면 하나의 자료로 통합

01 다음 그림에서와 같이 기준 객체에 대해 위치 보정을 수행하고자 할 때 화살표와 선을 사용하여 변환될 객체와의 관계를 생성해주는 것을 무엇이라고 하는가?

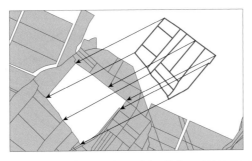

출처 : 교육부, 「공간정보 데이터 수집ㆍ처리ㆍ가공(LM1402030404_21v2)」, 한국직업능력개발원, p45~52

해설
변위 링크는 위치 보정을 위해 변환할 데이터와 기준 데이터의 관계를 생성해주는 것이다.

정답 변위 링크

02 다음 그림과 같이 곡선의 선형 객체에 대해 위치 변환을 하고자 한다. 이때 적용되는 방법으로 가장 적합한 것은?

해설
변위 링크는 화살표와 선을 사용하여 변환될 객체에 위치 보정을 위한 관계를 설정해준다.

정답 변위 링크

03 다음 그림은 위치 보정을 위해 변환할 데이터와 기준 데이터의 관계를 생성해주는 것이다. 화살표와 선이 각각 의미하고 있는 것은?

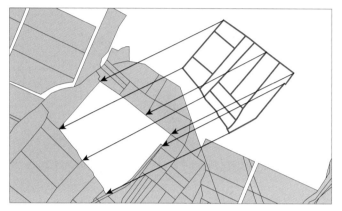

출처 : 교육부,「공간정보 데이터 수집 · 처리 · 가공(LM1402030404_21v2)」, 한국직업능력개발원, p45~52

해설
화살표로 연결된 변위 링크를 확인하며 필요한 만큼 추가로 링크를 연결한다. 이미 만들어진 변위 링크를 확대해서 확인한 결과 잘못 연결된 부분이 있다면 링크 수정을 할 수 있고, 필요한 만큼 추가적으로 링크를 연결한다.

정답 변환할 위치에서 기준 데이터로의 방향과 크기

3.2.4 보정 결과 데이터의 잔차 및 평균제곱근오차를 확인할 수 있다.

기출유형 14

다음 괄호 안에 적합한 용어는?

> 변위 링크를 사용한 위치 보정에서 실행된 각각의 보정이 얼마나 잘 이루어졌는지는 (㉠)을/를 통해 알 수 있고, 전반적인 보정이 얼마나 잘 이루어졌는지에 대해서는 (㉡)를 통해 판단한다.

해설
잔차는 실제 값과 회귀분석 등을 통해 추정한 값과의 차이이다. 평균제곱근오차는 각 관측치마다의 잔차의 제곱에 평균을 취하고, 이를 제곱근한 값이다.

정답 ㉠: 잔차, ㉡: 평균제곱근오차

족집게 과외

❶ 잔차(Residual, 추정오차)

㉠ 정의

실제 값과 회귀분석 등을 통해 추정한 값과의 차이

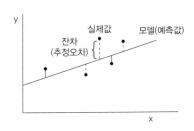

㉡ 변위 링크에서의 활용
- 이론적으로 설정된 위치와 변환된 보정 점간의 위치 오차
- 잔차는 모든 변위 링크에 대해 계산될 수 있음

❷ 평균제곱근오차(RMSE : Root Mean Square Error)

㉠ 정의

각 관측치마다의 잔차의 제곱에 평균을 취하고 이를 제곱근한 값

$$\sqrt{\frac{1}{n}\sum_{i=1}^{N}(실제값-예측값)^2}$$

ⓛ 변위 링크에서의 활용

실행된 각각의 보정이 얼마나 잘 이루어졌는지는 잔차를 통해 알 수 있고, 전반적인 보정이 얼마나 잘 이루어졌는지에 대해서는 평균제곱근오차를 통해 판단함

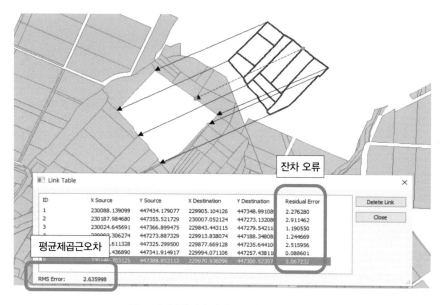

▲ 링크 테이블에서의 잔차 오류와 평균제곱근오차

출처 : 교육부, 「공간정보 데이터 수집 · 처리 · 가공(LM1402030404_21v2)」, 한국직업능력개발원, p45~52

01 실제 값과 회귀분석 등을 통해 추정한 값과의 차이를 의미하는 것으로, 괄호 안의 ㉠에 들어갈 내용은?

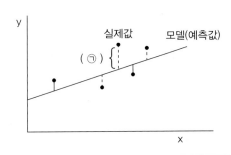

잔차는 실제 값과 회귀분석 등을 통해 추정한 값과의 차이를 의미한다.

정답 잔차(Residual) 또는 추정오차

02 괄호 안에 들어갈 적절한 내용은?

각 관측치마다의 보정이 얼마나 잘 이루어졌는지는 잔차를 통해 알 수 있고, 전반적인 보정이 얼마나 잘 이루어졌는지에 대해서는 (   )을/를 통해 판단한다.

해설
평균제곱근오차는 각 관측치마다의 잔차의 제곱에 평균을 취하고 이를 제곱근한 값이며, 전반적인 보정이 얼마나 잘 이루어졌는지에 대해서는 '평균제곱근오차'를 통해 판단한다.

정답 평균제곱근오차

03 위상 편집하기

| 출제 기준 |

3.3.1 공간 데이터간 위상(Topology) 생성을 위한 적절한 톨러런스(Tolerance) 및 위상관계 규칙을 선택할 수 있다.
3.3.2 위상관계 규칙 구성에 필요한 레이어들을 선택할 수 있다.

기출유형 15

공간객체들 간의 관계를 설명하는 위상의 종류 세 가지는?

해설
인접성, 연결성, 포함성은 공간객체들 간의 관계를 설명하는 기본적인 위상이다.

정답 인접성, 연결성, 포함성

족집게 과외

❶ 위상

㉠ 정의
관련된 공간객체들 간의 관계

㉡ 종류
- 인접성
  - 좌측-우측 위상(Left-right Topology)
  - 폴리곤을 구성하는 임의의 경계선을 중심으로 이 경계선을 공유하고 있는 좌·우측의 폴리곤들에 관한 관계를 설명
- 연결성
  - 시작점-끝점 위상(From Node to Node Topology)
  - 선형 객체의 시작점으로부터 끝점까지의 연결을 설명함으로써, 임의의 노드에서 특정 노드까지의 연결 관계를 파악할 수 있도록 하는 정보 제공
- 포함성
  한 객체가 다른 객체의 내부에 포함되어 있는 관계임을 설명

ⓒ 위상의 오류

- 점

  유사 노드(Psuedo-node) : 하나의 선이 다른 선으로 연장되어 만났을 경우, 선의 끝점이 그대로 남아있는 경우에 발생하며 디졸브(Dissolve)를 통해 제거할 수 있음

- 선

  − 두 개 이상의 선이 주어진 교차점에 접하지 않는 오류

  − 언더슛(Under Shoot)

  선과 선이 교차점에서 완전히 만나지 않아 간격이 발생한 경우

  − 오버슛(Over Shoot)

  하나의 선이 다른 선과의 교차점을 지나친 경우

Tip   매달린 점(Dangling Node)

언더슛 또는 오버슛의 경우 막다른 골목길(Cul-de-sac)과 같이 특별한 경우 위상의 오류가 아닌 경우가 있으며, 이때 오류인지 아닌 지를 판단할 수 있는 확인이 필요함

- 폴리곤

  − 닫히지 않은 폴리곤

  시작점과 끝점이 일치하지 않아 발생

  − 경계 불부합

  연속적인 지도 경계에서 발생하는 폴리곤 경계 간의 불일치

  − 가늘고 길다란 틈(Sliver)

  서로 다른 시기 또는 방식으로 제작된 레이어 간의 중첩 시 발생하는 폴리곤 간의 경계 불일치

❷ 공간 데이터간 위상(Topology)생성을 위한 톨러런스(Tolerance, 허용오차)의 설정

ⓐ 정의

  점과 선형 객체 등에 대해 서로 다른 객체로 인식하게 되는 거리 간격

ⓑ 설정 권고 값

  정밀도가 가장 높은 값에 대한 약 1/10 정도의 간격

Tip

톨러런스 값을 크게 설정하면 실제로 별도의 객체임에도 불구하고 동일한 객체로 인식하게 되는 오류 발생

❸ 위상관계 규칙

㉠ 필요성

디지타이징과 같은 벡터 데이터를 입력할 때 위상관계 규칙을 적용함으로써 데이터의 무결성을 유지하기 위함

㉡ 적용

점, 선, 폴리곤 등의 데이터에 대해 필요한 위상관계 규칙을 선택적으로 적용

㉢ 각 레이어에 적용되는 위상관계 규칙의 종류

• 점 레이어에 대한 규칙

- Must be covered by(다른 레이어의 점, 선 또는 폴리곤의 외곽선 위에 존재해야 함)

- Must be covered by endpoints of(선형 객체의 끝점에 존재해야 함)

- Must be inside(점이 폴리곤 내부에 있어야 함)

- Must not have invalid geometries(유효하지 않은 지오메트리를 가지고 있지 않아야 함)

- Must not have duplicates(동일한 객체가 두 번 이상 표현될 수 없음)

- Must not have multi-part-geometries(하나의 점은 여러 개의 점으로 구성될 수 없음)

• 선 레이어에 대한 규칙

- End points must be covered by(끝점에는 항상 점 레이어가 존재해야 함)

- Must not have dangles[끝점이 다른 선형 객체에 연결되어 있지 않은 상태로 튀어나와 있거나 미치지 못하는 것(Dangle)이 없어야 함]

- Must not have duplicates(동일한 객체가 두 번 이상 표현될 수 없음)

- Must not have invalid geometries(유효하지 않은 지오메트리를 가지고 있지 않아야 함)

- Must not have multi-part-geometries(단일 지오메트리는 다중 지오메트리로 구성될 수 없음)

- Must not have psuedos[선의 중간에 불필요한 끝점(유사노드, Psuedo-node)을 가지고 있지 않아야 함]

• 폴리곤 레이어에 대한 규칙

- Must contains(적어도 하나 이상의 점 객체를 포함해야 함)

- Must not have duplicates(동일한 객체가 두 번 이상 표현될 수 없음)

- Must not have gaps[인접한 폴리곤과의 사이에 갭(틈)이 발생하지 않아야 함]

- Must not have multi-part-geometries(단일 지오메트리는 다중 지오메트리로 구성될 수 없음)

- Must not have invalid geometries(유효하지 않은 지오메트리를 가지고 있지 않아야 함)

- Must not overlap(인접한 폴리곤들이 공통 영역을 공유하고 있지 않아야 함)

- Must not overlap with(하나의 레이어에서 인접한 폴리곤들이 다른 레이어의 폴리곤 레이어와 공유된 지역이 없어야 함)

01 하나의 선이 다른 선으로 연장되어 만나게 될 때 선의 끝점이 그대로 남아있는 경우에 발생하는 오류는?

해설
유사 노드 오류는 디졸브(Dissolve)를 통해 제거할 수 있다.

정답 유사 노드(Psuedo-node)

02 폴리곤을 구성하는 임의의 경계선을 중심으로 이 경계선을 공유하고 있는 좌·우측의 폴리곤들에 관한 관계를 설명하는 위상은?

해설
경계를 공유하는 폴리곤 사이의 인접성은 좌측-우측 위상(Left-right Topology)으로 설명할 수 있다.

정답 인접성

03 서로 다른 시기 또는 다른 방식으로 제작된 레이어 간의 중첩 시 발생하는 것으로 폴리곤 간의 경계에 나타나는 가늘고 길다란 틈은?

해설
레이어의 중첩 분석 시 슬리버 오류의 문제가 발생할 수 있지만 허용오차의 설정에 따라 슬리버 객체의 문제를 해결할 수 있다.

정답 슬리버(Sliver)

04 선 레이어에 대한 다음의 위상관계 규칙이 의미하는 것은?

End points must be covered by

해설
위상관계 규칙은 디지타이징과 같은 벡터 데이터를 입력할 때 무결성을 유지하기 위하여 필요하다.

정답 끝점에는 항상 점 레이어가 존재해야 한다.

3.3.3 검색된 오류를 확인하고 이에 대한 적절한 편집기술을 적용할 수 있다.
3.3.4 위상관계 편집 후 유효성 검사를 통해 데이터 무결성을 확인할 수 있다.

기출유형 16

위상 관련 공간관계의 점검 항목에 대해 다섯 가지 이상 제시하시오.

해설
위상 관련 공간관계 점검 항목은 객체의 검색이나 공간분석 시에도 사용된다.

정답
- 동등(Equal)
- 포함(Contain)
- 커버(Cover)
- 커버되는(Covered By)
- 공간교차(Cross)
- 분절(Disjoint)
- 교차(Intersect)
- 중첩(Overlap)
- 접촉(Touch)
- 서로의 내부(Within)에 존재

족집게 과외

❶ 위상 관련 오류 검색 방법

㉠ 위상 관련 공간관계의 점검 항목

공간분석 소프트웨어가 제공하는 '위상점검기(QGIS)'와 같은 도구를 통해 다양한 위상 규칙을 적용함으로써 위상 점검을 수행

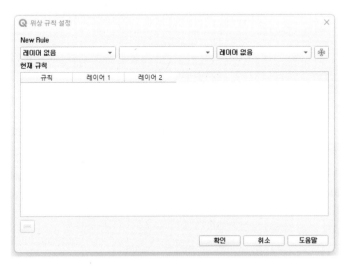

▲ 위상점검기(QGIS 3.28 Firenze)

ⓛ 객체 간의 공간관계 점검 항목
- 동등(Equal)
- 커버(Cover)
- 공간교차(Cross)
- 교차(Intersect)
- 접촉(Touch)
- 포함(Contain)
- 커버되는(Covered By)
- 분절(Disjoint)
- 중첩(Overlap)
- 서로의 내부(Within)에 존재

ⓒ 점검 방법
- 모든 유효성 검사(Validate all)
- 해당 레이어(들)의 모든 객체에 위상 규칙들을 적용

ⓔ 제한된 유효성 검사(Validate Extent)
현재 맵 캔버스 안에 있는 해당 레이어(들)의 객체에 활성화된 규칙들을 적용

ⓜ 오류 유형의 필터링(Filter Errors By Rule)
오류를 특정 오류 유형으로 필터링

❷ **도형의 무결성 검증**

ⓐ 무결성 검사
벡터 레이어에 대한 무결성 검사는 공간분석 소프트웨어가 제공하는 '도형 검증기(QGIS)'와 같은 도구를 통해 진행

ⓑ 검사할 수 있는 객체 유형의 선택

ⓒ 무결성 검사 항목

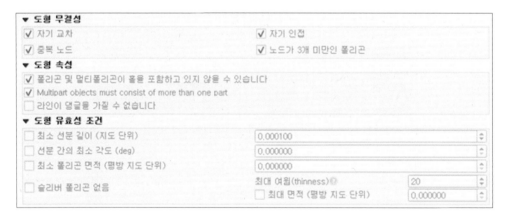

② 위상정보 검증

```
▼ 위상정보 검증
✓ 중복 검사
☐ 다른 객체 내의 객체 검사
☐ (지도 평방 단위) 미만 중첩 영역 검사          [0.000000            ] ⬍
☐ (지도 평방 단위) 미만 틈 검사                [0.000000            ] ⬍
☐ 포인트는 반드시 라인 상에 위치해야 함
☐ 포인트는 반드시 폴리곤 내부에 있어야 함
☐ 라인은 다른 라인과 교차해서는 안됨
☐ 라인이 다음 레이어의 객체와 교차해서는 안됨   [                   ▼]
☐ 폴리곤은 반드시 다음 레이어의 경계를 따라야 함  [                   ▼]
참고 : 위상 검사는 현재 앱 좌표계를 기준으로 수행됩니다.
```

❸ 레이어의 무결성 점검

　㉠ 무결성 점검하기는 다음의 세 레이어와 정보를 통해 파악함

　　• 무결한 레이어

　　　– 위상 오류가 없는 도형 객체들의 레이어

　　　– 결점이 없는 도형의 개수

　　• 무결하지 않은 레이어

　　　– 무결하지 않은 도형 객체들의 레이어

　　　– 오류가 발생한 도형의 개수

　　• 오류 레이어

　　　– 무결하지 않은 객체의 위치를 가리키는 점 레이어

　　　– 오류의 내용을 설명하고 있는 정보

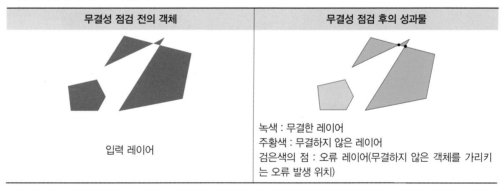

무결성 점검 전의 객체	무결성 점검 후의 성과물
입력 레이어	녹색 : 무결한 레이어 주황색 : 무결하지 않은 레이어 검은색의 점 : 오류 레이어(무결하지 않은 객체를 가리키는 오류 발생 위치)

ⓝ 대표적인 오류 유형

중복 노드 (하나의 선분에 중복된 노드)	선 객체의 중첩

인접한 객체 간의 중첩	자기 인접 (객체 간의 인접으로 인한 고리형성)

다른 폴리곤 내부에 폴리곤이 겹침	폴리곤 내부에 다른 폴리곤이 존재

자기 교차 (스스로 교차하는 폴리곤)	폴리곤 내부의 구멍

최소 선분 길이 (최소 길이 값 미만의 선분을 갖는 폴리곤)	선분 간의 최소 각도 (최소 각도 미만의 폴리곤)

최소 폴리곤 면적 (최소 면적 미만의 폴리곤)	슬리버 폴리곤 [가늘고 길다란 형태의 폴리곤으로, 최대 여윔(Thinness)과 최대 면적 미만의 폴리곤]

여윔(Thinness)
- 폴리곤을 담고 있는 최소 정사각형의 면적과 폴리곤 자체의 면적의 비
- 정사각형의 여윔비는 1의 값을 가짐
- QGIS의 경우 기본값은 20

01 데이터의 무결성 점검을 통해 다음과 같은 오류를 발견하였다. 오류의 유형은?

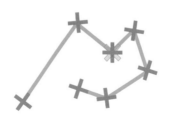

해설
하나의 선분에 중복된 노드이다.

정답 중복 노드

02 데이터의 무결성 점검을 통해 다음과 같은 오류를 발견하였다. 오류의 유형은?

해설
객체 간의 인접으로 인해 고리가 형성된 오류이다.

정답 자기 인접

03 데이터의 무결성 점검을 통해 다음과 같은 오류를 발견하였다. 오류의 유형은?

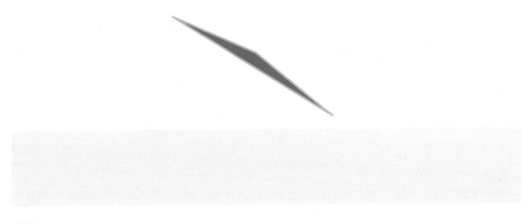

해설
가늘고 길다란 형태의 폴리곤으로, 최대 '여윔(Thinness)'과 최대 면적 미만의 폴리곤이다. 여윔은 폴리곤을 담고 있는 최소 정사각형의 면적과 폴리곤 자체의 면적의 비로, 정사각형의 여윔비는 1의 값을 가진다.

정답 슬리버 폴리곤

3.3.5 위상관계를 이용하여 데이터 관계변경을 할 수 있다.

기출유형 17

위상관계의 점검을 통하여 파악된 오류를 변경하거나 수정하는 방법에 대해 세 가지 이상 제시하시오.

해설
오류는 공간분석 소프트웨어에서 제공하는 기능으로 한 번에 수정할 수 있다. 또한 옵션을 통해 어떠한 속성을 사용해서 객체들을 병합할지 선택할 수도 있다.

정답
• 최장 공유 경계를 가진 인접 폴리곤과 병합
• 최대 면적을 가진 인접 폴리곤과 병합
• 인접 폴리곤이 동일한 속성값을 가지고 있을 경우 인접 폴리곤과 병합하고, 없을 경우 내버려두기
• 객체 삭제하기
• 오류 무시하기(따라서 어떤 변경 · 수정도 이루어지지 않음)

족집게 과외

❶ 데이터 관계의 변경과 수정
　㉠ 오류 유형에 따른 객체의 수정
　　• 최장 공유 경계를 가진 인접 폴리곤과 병합
　　• 최대 면적을 가진 인접 폴리곤과 병합
　　• 인접 폴리곤이 동일한 속성값을 가지고 있을 경우 인접 폴리곤과 병합하고, 없을 경우 내버려두기
　　• 객체 삭제하기
　　• 오류 무시하기(따라서 어떤 변경 · 수정도 이루어지지 않음)
　㉡ 공간분석 소프트웨어에서 제공하는 기능
　　• 한 번에 오류 수정 가능
　　• 옵션을 통해 어떠한 속성을 사용해서 객체들을 병합할지 선택할 수 있음

❷ 위상 도구
　• 폴리곤 레이어에 존재하는 공유경계의 편집을 위해 공간분석 소프트웨어에서 제공하는 위상편집작업 기능을 활성화시킬 수 있음
　• 공유경계 탐지에 따라 폴리곤의 경계가 갱신되는 위상편집
　　공간분석 소프트웨어에서 제공하는 공유경계 편집 기능은 폴리곤의 공유경계를 '탐지(Detect)' 할 수 있기 때문에 한 폴리곤 경계의 가장자리 꼭짓점(Edge Vertex)을 움직이기만 해도 다른 폴리곤 경계들을 갱신할 수 있음

• 기존 폴리곤과의 중첩 시 새로운 경계로 갱신되는 위상편집

기존의 폴리곤에 대해서도 공유경계 편집 기능을 활성화하고 두 번째 인접 폴리곤을 디지타이즈하면, 두 폴리곤이 중첩되더라도 두 번째 폴리곤을 공통 경계로 하여 갱신이 이루어짐

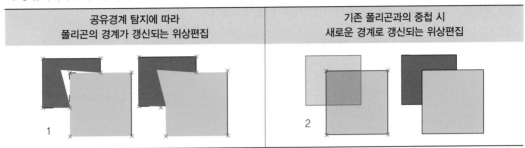

공유경계 탐지에 따라 폴리곤의 경계가 갱신되는 위상편집	기존 폴리곤과의 중첩 시 새로운 경계로 갱신되는 위상편집

01 폴리곤 레이어에 존재하는 공유경계의 편집을 위해 공간분석 소프트웨어에서 제공하는 위상편집작업 기능을 활성화 시킬 수 있다. 이를 통해 어떠한 작업이 가능해지는가?

해설
공유경계 탐지에 따라 폴리곤의 경계가 갱신되는 위상편집이 가능해진다.

정답
- 공간분석 소프트웨어에서 제공하는 공유경계 편집 기능은 폴리곤의 공유경계를 '탐지(Detect)' 할 수 있기 때문에 한 폴리곤 경계의 가장자리 꼭짓점(Edge Vertex)을 움직이기만 해도 다른 폴리곤 경계들을 갱신할 수 있다.
- 기존의 폴리곤에 대해서도 공유경계 편집 기능을 활성화하고 두 번째 인접 폴리곤을 디지타이즈하면, 두 폴리곤이 중첩되더라도 두 번째 폴리곤을 공통 경계로 하여 갱신한다.

02 QGIS는 벡터 데이터의 편집 작업에서 '꼭짓점 도구(모든 레이어)'와 '꼭짓점 도구(현재 레이어)'의 기능을 제공하고 있다. 이들의 차이점은 무엇인가?

해설
공간분석 소프트웨어인 QGIS에서 제공하는 데이터의 수정 기능에 관한 내용으로, 어떠한 옵션을 사용해서 객체들을 수정할 수 있는지 그 기능에 대한 물음이다.

정답
데이터의 수정 기능
- '꼭짓점 도구(현재 레이어)'는 활성화된 레이어에 있는 벡터 객체에 대해서만 편집이 가능하도록 한다.
- '꼭짓점 도구(모든 레이어)'는 편집 가능한 레이어에 있는 모든 벡터 객체에 대해 편집이 가능하도록 한다. 여러 레이어의 객체들을 동시에 선택해서 한 번에 이동, 추가 또는 삭제할 수 있다.

PART 04
공간정보 분석

공간정보융합기능사 실기

| 출제 기준 |

4.1.1 공간 데이터의 속성자료를 이용하여 레이어의 재분류 작업을 수행할 수 있다.

기출유형 18

다음의 괄호 안에 적합한 것은?

공간객체의 속성을 재분류하는 방법으로 최소변이 분류 또는 자연 분류(Natural Break) 방법, 동일 개수 분류(Quantile) 방법, ( ) 방법, 표준편차 분류(Standard Deviation) 방법 등이 있다.

해설
공간객체의 속성을 재분류하는 방법은 네 가지 방법으로 구분하며, 이에 대한 구분이 필요하다.

정답 동일 간격 분류(Equal Interval)

족집게 과외

❶ **재분류(Reclassification)의 정의**

속성 범주를 변경하는 것으로 범주의 수는 같거나 감소될 수 있으며, 일반적으로 간략화하여 자료의 특성을 이해하기 쉽도록 함

❷ **재분류 수행 단계**

㉠ 속성의 범주를 새로운 분류기준에 따라 구분　　㉡ 새롭게 구분된 속성의 분류 범주에 따라 재부호화 수행
㉢ 동일한 속성값을 가진 인접 객체들을 병합　　㉣ 병합에 따라 삭제된 경계선들에 대한 위상의 갱신

❸ **공간객체의 속성을 재분류하는 방법**

㉠ 최소변이 분류, 자연 분류(Natural Break) 방법
   • 속성의 작은 값에서 큰 값으로 빈도그래프를 그린 후 그룹 내의 분산이 가장 작도록 그룹 경계를 결정하는 방법
   • 데이터의 통계적 의미보다는 시각화에 중점을 둔 방법
㉡ 동일 개수 분류(Quantile) 방법
   최솟값에서 최댓값까지의 범위 중에 그룹별 빈도수가 동일하도록 그룹 경계를 결정하는 것
㉢ 동일 간격 분류(Equal interval) 방법
   그룹 간의 간격이 동일하도록 그룹 경계를 결정하는 것
㉣ 표준편차 분류(Standard Deviation) 방법
   평균과 표준편차에 따라 1차(약 68%), 2차(약 95%), 3차(약 99.7%) 표준편차 범위를 구하여 분류

01 가상의 서울시 동별 인구데이터의 속성을 그림의 범례와 같이 재분류하였다. 데이터의 속성을 재분류하는 데 적용된 기법은? (이때 최솟값에서 최댓값까지의 범위 중에 그룹별 빈도수가 동일하도록 그룹 경계를 결정하였다)

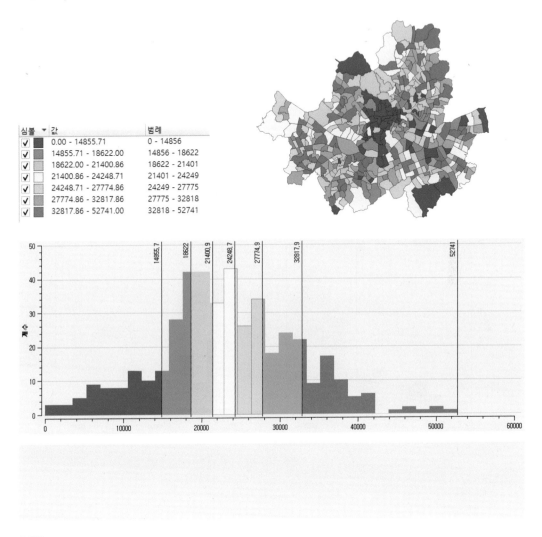

최솟값에서 최댓값까지의 범위 중에 그룹별 빈도수가 동일하도록 그룹 경계를 결정하는 방법은 동일 개수 분류(Quantile) 방법 이다.

정답 동일 개수 분류(Quantile) 방법

02 가상의 서울시 동별 인구데이터의 속성을 그림의 범례와 같이 재분류하였다. 데이터의 속성을 재분류하는 데 적용된 기법은?

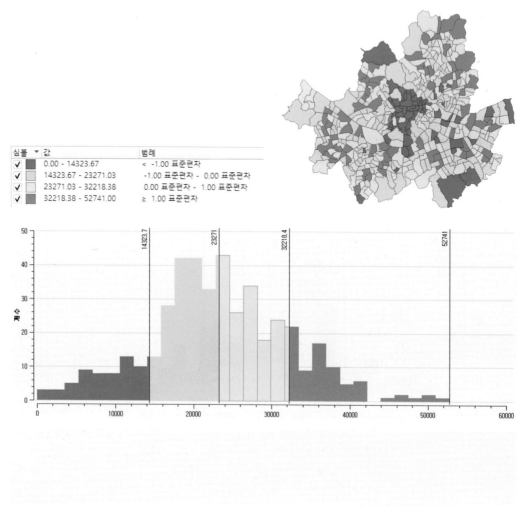

해설
평균과 표준편차에 따라 1차(약 68%), 2차(약 95%), 3차(약 99.7%) 표준편차 범위를 구하여 분류한 결과이다.

정답 표준편차 분류(Standard Deviation) 방법

03 가상의 서울시 동별 인구데이터의 속성을 그림의 범례와 같이 재분류하였다. 데이터의 속성을 재분류하는 데 적용된 기법은? (이때 최솟값은 520.0이고 최댓값은 52,422.00이며 5단계로 구분하였다)

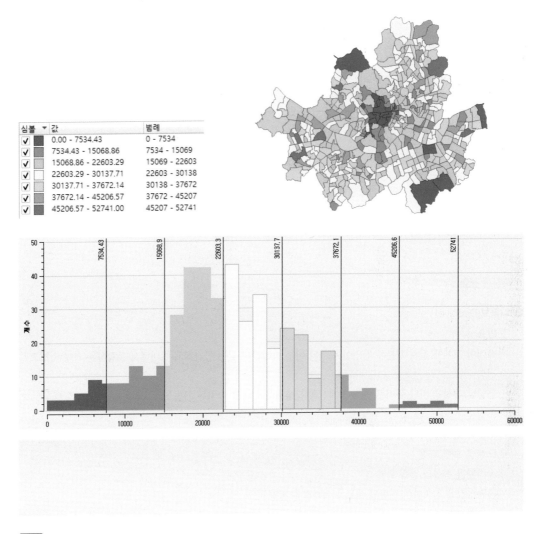

그룹 간의 간격이 동일하도록 그룹 경계를 결정하는 것으로 그룹 경계는 아래와 같이 구분된다.

(52,422 − 520)/5 = 10,380.4

520 + 10,380.4 = 10,900.4

10,900.4 + 10,380.4 = 21,280.8

21,280.8 + 10,380.4 = 31,661.2

31,661.2 + 10,380.4 = 42,041.6

42,041.6 + 10,380.4 = 52,422.0

정답 동일 간격 분류(Equal Interval) 방법

4.1.2 벡터 데이터에서 속성값을 기준으로 레이어 내 피처들 간의 병합을 수행할 수 있다.

기출유형 19

다음 괄호 안에 들어갈 적합한 용어는?

하나의 레이어 내에서 작은 구역을 묶어서 큰 지역으로 형상을 합치는 작업으로 속성이 같은 구역을 통합하는 것은
(㉠)이고, 서로 다른 속성의 구역에 대해서도 통합을 수행하는 것은 (㉡)이다.

해설
병합 수행 이전에 적합성 판단과 함께 병합 이후의 속성값을 미리 정의하는 것이 필요하다.

정답 ㉠: 디졸브(Dissolve), ㉡: 병합(Merge)

족집게 과외

① 디졸브(Dissolve)
  ㉠ 필요성
    레이어 전체에 걸쳐 재분류 작업이 수행된 이후 속성값이 같은 공간객체에 대해서 통합하는 과정이 필요
  ㉡ 정의
    동일한 속성을 지닌 폴리곤 간의 경계선을 삭제해서 하나로 합치는 기법
  ㉢ 특징
    디졸브 과정을 거쳐 공간객체와 데이터베이스가 간결해지고 공간객체 간의 관계도 이해하기 쉽게 단순화됨
  ㉣ 단계별 수행 과정
    • 변환될 속성의 결정 단계
      속성값을 검색하여 변환될 새로운 속성값을 결정
    • 속성 재분류 단계
      - 결정된 속성값에 따라 레이어의 속성값을 입력하여 재분류
      - 동일한 값으로 변환된 폴리곤들의 경계선을 유지
    • 디졸브 실행 단계
      동일한 속성값을 갖는 인접 폴리곤의 경계선에 대한 디졸브 실행
    • 위상 재설정 단계
      디졸브 이후 위상 구조를 새롭게 구축

❷ 병합(Merge)과 디졸브(Dissolve)의 비교

　㉠ 디졸브와의 공통점

　　하나의 레이어 내에서 작은 구역을 묶어서 큰 지역으로 형상을 합치는 작업

　㉡ 디졸브와의 차이점

　　• 디졸브

　　　속성이 같은 구역을 통합하는 것

　　• 병합

　　　서로 다른 속성의 구역에 대해서도 통합을 수행하는 것

　㉢ 병합 시의 주의점

　　• 병합 수행 이전에 적합성 판단을 위한 벡터 자료의 무결성 검증 필요

　　• 서로 다른 속성을 지닌 벡터 자료의 병합인 경우 병합 이후의 속성값을 미리 정의해야 함

　　• 디졸브의 작업과 마찬가지로 병합 후 위상 구조를 새롭게 구축해야 함

❸ 피처들 간의 병합

　㉠ 피처 선택에 따른 병합

　　• 정의

　　　– 기존 객체의 도형들을 병합해서 새로운 피처를 생성

　　　– 기존 객체들에 공통 경계가 없는 경우 멀티폴리곤, 멀티폴리라인, 멀티포인트 등의 피처 생성

　　• 방법

　　　– 병합하고자 하는 대상 피처들을 선택

　　　– 피처의 병합 방법을 고려하여 새로운 속성 부여

　　　– 대응되는 대상 피처의 속성을 선택하여 직접 대체

　　　　ⓐ 선택한 특정 피처의 속성을 가져와 병합하는 방안

　　　　ⓑ 가장 많은 면적을 차지하고 있는 피처(라인, 폴리곤, 멀티포인트 등)의 속성을 선택하여 적용하는 방안

　　　　ⓒ 빈 속성을 부여하는 방안

　　　– 대상 피처들의 속성에 연산을 수행하고 그 결과를 새로운 속성으로 부여

　　　　필드의 유형에 따라 최솟값, 최댓값, 중앙값, 합계, 개수, 연결(Concatenation, 기존 값에 덧붙여 추가) 등을 선택

　　• 수정 사항의 적용

　　　기존의 각 피처들을 대체하는 병합된 단일 피처 생성

　㉡ 선택한 피처의 속성 병합

　　• 정의

　　　피처들의 경계를 병합하지 않고 특정 속성을 동일하게 각 피처에 적용

　　• '피처 선택에 따른 병합'과의 차이점

　　　– 선택된 피처들은 동일한 속성으로 변환됨

　　　– 각 피처의 도형은 원래 형태 그대로 유지됨

01 벡터 데이터에서 속성을 기준으로 레이어 내 피처들 간의 병합을 수행하지만, 도형은 원래 형태 그대로를 유지하는 경우의 사례는?

해설
이 경우 '교육시설'로 병합되어 동일한 속성을 갖게 되지만, 각 피처의 도형은 원래 그대로의 형태를 유지한다.

정답
특정 신도시의 초등학교, 중학교, 고등학교, 대학교 등으로 구분되어 있는 '건물' 피처에 대해 '교육시설'이라는 새로운 속성의 피처로 병합되는 것

02 벡터 데이터에서 경계가 닿아있는 폴리곤 피처들 간의 병합이 수행되어 새로운 속성과 도형의 생성되는 경우의 사례는?

해설
이 경우 동 단위의 인구밀도는 구 단위의 인구밀도로 변환하여 새로운 속성을 부여하며, 도형 또한 구 단위 경계로 대체한다.

정답 동 경계 단위의 인구밀도 레이어에서 병합이 이루어져 구 경계 단위의 인구밀도 레이어로 변환되는 경우

4.1.3 래스터 레이어에서 셀값을 재분류할 수 있다.

기출유형 20

재분류를 위한 산술 연산자를 세 가지 이상 제시하시오.

해설
재분류를 위한 연산자에는 산술 연산자 외에도 삼각함수, 비교, 논리, 통계 연산자 등이 있다.

정답 +, − , *, sqrt, abs, ln …

족집게 과외

❶ 재분류 필요성
　㉠ 서로 다른 시점에 작성된 래스터 데이터의 값이 서로 부합되지 않을 때
　㉡ 서로 다른 측정 척도를 가진 래스터 데이터를 함께 연산하고자 할 때

❷ 재분류를 위한 연산자
　㉠ 산술 : +, − , *, sqrt, abs, ln …
　㉡ 삼각함수 : sin, cos, tan …
　㉢ 비교 : =, !=, <, >= …
　㉣ 논리 : IF, AND, OR …
　㉤ 통계 : min, max …

❸ 재분류의 예제
[예제1]
피트(ft) 단위의 표고를 표현하고 있는 DEM 레이어의 첫 번째 밴드("elevation@1")의 값을 미터(m) 단위로 변환하기
　• 표현식 : "elevation@1" * 0.3048
　• 해설 : 미터(m) = 피트(ft) / 3.2808 = 피트(ft) * 0.3048

[예제2]
DEM 레이어의 첫 번째 밴드("elevation@1")에서 표고 100m 이상인 지역만을 구분하여 추출하기
　• 표현식 : ("elevation@1" >= 100) * "elevation@1"
　• 해설 : 표고가 100m 이상인 모든 픽셀에 대해서는 1을 반환하고 100m 미만인 픽셀에 대해서는 0을 반환함. 따라서 조건을 만족시키는 픽셀 값 1에 DEM 레이어의 각 픽셀을 곱하면 100m 이상인 지역만을 구분하여 추출할수 있게 됨

[예제3]

DEM 레이어의 첫 번째 밴드("elevation@1")에 대해 표고 100m를 기준으로 100m 미만이면 1의 값을, 100m 이상이면 2의 값을 갖도록 재분류하기

- 표현식 : ("elevation@1" < 100) * 1 + ("elevation@1" >= 100) * 2
- 해설 : 표고가 100m 미만인 모든 픽셀은 1의 값으로, 100m 이상인 픽셀은 2의 값이 되도록 재분류됨
- 표현식 : if ("elevation@1" < 100, 1, 2)
- 해설 : 'if' 연산자를 사용한 표현식으로 픽셀 값이 100 미만이면 1, 100 이상이면 2가 되도록 재분류를 실행함

[예제4]

문자 A, B, C의 값을 가진 레이어("market@1")와 숫자 2, 3, 4, 5 등을 가진 레이어("population@1")에 대해 A이면서 2의 값을 가진 픽셀을 찾아내기

- 표현식 : (("market@1" = 'A') * "market@1") AND (("population@1" = 2) * "population@1")
- 해설 : 각 레이어에 대해 재분류를 실행한 뒤 논리연산자 AND를 통해 필요한 픽셀을 추출함

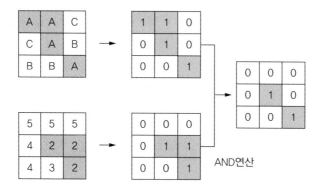

▲ 두 레이어에서 A와 2의 값을 지닌 픽셀을 찾기 위한 재분류

출처 : 교육부, 「공간정보 분석(LM1402030407_21v2)」, 한국직업능력개발원(2016), p20

01 DEM 레이어의 첫 번째 밴드("elevation@1")에서 표고 50m 이상인 지역만을 구분하여 추출하기 위한 표현식은?

해설
표고가 50m 이상인 모든 픽셀에 대해서는 1을 반환하고 50m 미만인 픽셀에 대해서는 0을 반환한다. 여기에 DEM 레이어 자신의 각 픽셀을 곱하면 50m 이상인 지역만 추출된다.

정답   ("elevation@1">= 50) * "elevation@1"

02 DEM 레이어의 첫 번째 밴드("elevation@1")에 대해 표고 50m를 기준으로 50m 미만이면 1의 값을 50m 이상이면 2의 값을 갖도록 재분류하는 표현식은?

해설
'if' 연산자를 사용한 표현식으로 픽셀 값이 50 미만이면 1, 50 이상이면 2가 되도록 재분류가 실행된다.

정답   if ("elevation@1"< 50, 1, 2)

03 문자 A, B, C의 값을 가진 레이어("school@1")와 숫자 1, 2, 3, 4, 5 등을 가진 레이어("student@1")에 대해 B이면서 3의 값을 가진 픽셀을 찾아내는 표현식은?

해설
각 레이어에 대해 재분류를 실행한 뒤 논리연산자 AND를 통해 필요한 픽셀을 추출한다.

정답   (("school@1" = 'B') * "school@1") AND (("student@1" = 3) * "student@1")

4.1.4 속성값의 재분류를 위한 참조 테이블을 활용할 수 있다.

기출유형 21

다음의 괄호 안에 적합한 것은?

래스터 데이터의 재분류 방법으로는 연산자를 사용하는 방법, 서로 다른 측정 척도를 가진 데이터를 동일한 측정 척도에서 서로 비교할 수 있도록 속성값을 재분류하는 방법, 참조 테이블의 재분류 기준에 따라 단일 또는 (   )을/를 가진 여러 레이어의 재분류 방법 등이 있다.

해설
참조 테이블의 재분류 기준에 따라 픽셀 값이 새롭게 변환하는 경우 단일 또는 동일한 측정 척도를 가진 여러 레이어에 적용되어야 의미 있는 비교가 가능하다.

정답 동일한 측정 척도

족집게 과외

❶ 벡터 데이터의 재분류 방법
㉠ 기존 속성의 대푯값으로 대체하는 방법
최빈치, 최솟값, 최댓값, 최대 및 최소의 범위 등
㉡ 속성값을 모두 합하여 폴리곤의 새로운 값으로 부여하는 방법
여러 경계의 폴리곤이 하나로 병합됨에 따라 각 폴리곤들의 속성값을 합하는 방법
예 지역 면적, 지역 인구 등
㉢ 일련의 처리 과정을 거쳐 새로운 속성값을 산출하는 방법
기존 값에 산출식을 적용하여 새로운 값을 얻는 방법
예 인구밀도(폴리곤 전체의 인구수와 면적을 각각 합한 후, 새로운 인구밀도를 산정해서 부여)
㉣ 참조 테이블에 따라 정의되는 값을 속성으로 부여하는 방법
기존의 속성은 무시되고 참조 테이블의 새로운 속성으로 결정
예 지역명이나 행정구역명 등

❷ 래스터 데이터의 재분류 방법
㉠ 연산자를 사용하여 재분류하는 방법
산술, 삼각함수, 비교, 논리, 통계 연산자 등
㉡ 서로 다른 측정 척도를 가진 데이터의 재분류 방법
• 서로 다른 범주와 유형의 레이어간 연산을 수행하는 경우 동일한 측정 척도에서 서로 비교할 수 있도록 하나의 기준에 따라 속성값을 재분류
• 0에서 1까지의 값의 범위를 갖도록 정규화 하는 등의 재분류를 통해 호환 가능한 상태로 변환한 후 연산을 수행
㉢ 단일 또는 동일한 측정 척도를 가진 여러 레이어의 재분류 방법
참조 테이블의 재분류 기준에 따라 새로운 변환

❸ 기존의 속성을 참조 테이블의 정의에 따라 새로운 값으로 변환하는 예제

기존 래스터 레이어의 값(1~20의 범위)을 새로운 값(1~5의 범위)으로 참조 테이블을 사용하여 변환

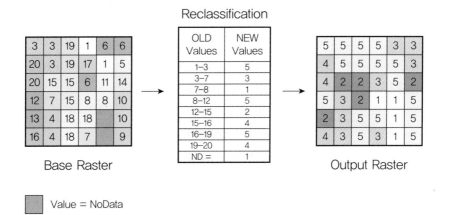

Reclassification

Base Raster

Output Raster

Value = NoData

▲ 참조 테이블을 사용한 재분류(기존 1~20의 범위에서 1~5의 범위로 변환)

출처 : 교육부, 「공간정보 분석(LM1402030407_21v2)」, 한국직업능력개발원(2016), p19

01 입력 레이어와 출력 레이어를 비교하여 참조 테이블의 재분류 기준을 완성하시오.

1	5	8	10	6
9	10	12	14	11
11	14	17	15	13
15	18	16	19	16
19	16	14	17	20

입력 레이어

1	1	2	2	2
2	2	3	3	3
3	3	4	3	3
3	4	4	4	4
4	4	3	4	4

출력 레이어

해설

입력 레이어와 출력 레이어의 값을 정렬한 뒤 변환되는 구간의 최솟값과 최댓값을 찾으면 참조 테이블을 작성할 수 있다. 참조 테이블의 양식을 작성하여 적용하는 것도 평가의 한 부분이니, 수험생은 참조 테이블을 직접 작성할 수 있어야 한다.

정답

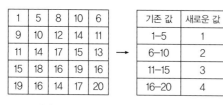

1	5	8	10	6
9	10	12	14	11
11	14	17	15	13
15	18	16	19	16
19	16	14	17	20

입력 레이어

기존 값	새로운 값
1–5	1
6–10	2
11–15	3
16–20	4

참조 테이블

1	1	2	2	2
2	2	3	3	3
3	3	4	3	3
3	4	4	4	4
4	4	3	4	4

출력 레이어

02 입력 레이어의 값에 참조 테이블의 재분류 기준을 적용하여 출력 레이어의 픽셀 값을 작성하시오.

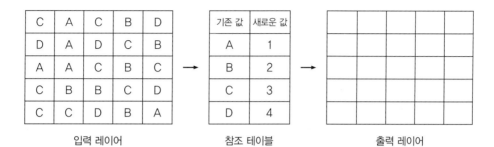

C	A	C	B	D
D	A	D	C	B
A	A	C	B	C
C	B	B	C	D
C	C	D	B	A

입력 레이어

기존 값	새로운 값
A	1
B	2
C	3
D	4

참조 테이블

출력 레이어

해설
참조 테이블의 재분류 기준에 따라 문자 데이터가 정수의 숫자 데이터로 변환된다. 이때 변환된 결과값은 연산을 할 수 있는 숫자로 표기되었으나, 실제 연산이 가능한 데이터인지에 대한 확인이 필요하다. 명목척도나 서열척도와 같은 데이터인 경우 연산은 무의미하기 때문이다.

정답

C	A	C	B	D
D	A	D	C	B
A	A	C	B	C
C	B	B	C	D
C	C	D	B	A

입력 레이어

기존 값	새로운 값
A	1
B	2
C	3
D	4

참조 테이블

3	1	3	2	4
4	1	4	3	2
1	1	3	2	3
3	2	2	3	4
3	3	4	2	1

출력 레이어

02 공간정보 중첩분석하기

| 출제 기준 |

4.2.1 점형, 선형, 면형의 벡터 레이어 간의 공간연산을 실행할 수 있다.

기출유형 22

다음과 같은 벡터 데이터의 공간분석은 어떤 레이어 간의 공간분석인가?

- 소비자가 어떤 상권에 포함되는지에 대한 상권 권역 문제
- 학생이 어느 학군에 포함되는지에 대한 학군 배정의 문제
- 각 건물의 토지이용계획 상의 용도지역 · 지구에 대한 문제 등

해설
소비자, 학생, 건물(주소 부여 기준점) 등은 점 데이터이며 상권, 학군, 용도지역 · 지구 등은 폴리곤 데이터이다.

정답 점 레이어와 폴리곤 레이어

족집게 과외

❶ 벡터 데이터 중첩

ⓐ 정의
- 중첩에 사용되는 레이어가 벡터 데이터 유형
- 레이어는 점, 선, 면형의 공간객체 레이어를 대상으로 함

ⓑ 중첩 요령
- 공간객체 유형에 대해 개별 요소별로 레이어를 구성하는 것이 필요
- 한 가지 주제의 분류 유형을 가지도록 함 예 도로, 빌딩, 하천 레이어 등
- 차원의 변화에 유의 예 0차원(점), 1차원(선), 2차원(면) 등

ⓒ 벡터 데이터 중첩 시의 차원의 변화
- 점(0차원)과 점(0차원)의 중첩 : 점(0차원)
- 선(1차원)과 점(0차원)의 중첩 : 점(0차원)
- 선(1차원)과 선(1차원)의 중첩 : 점(0차원) 또는 선(1차원)
  - 선과 선이 중첩되어 교차점이 생성되면 점이 되므로 0차원
  - 동일한 방향의 선과 선이 중첩되어 구간을 형성하면 선이 되어 1차원

- 면(2차원)과 점(0차원)의 중첩 : 점(0차원)
- 면(2차원)과 선(1차원)의 중첩 : 점(0차원) 또는 선(1차원)
  - 면의 꼭지점에서 선이 중첩되면 점이 되므로 0차원
  - 면이 선과 중첩되면 선이 되므로 1차원
- 면(2차원)과 면(2차원)의 중첩 : 점(0차원), 선(1차원) 또는 면(2차원)
  - 면과 면이 꼭지점끼리 중첩되면 점이 되므로 0차원
  - 면과 면이 중첩되어 한 변을 공유하면 선이 되므로 1차원
  - 면과 면이 중첩되어 영역이 생성되면 2차원

❷ 벡터 레이어 중첩 유형과 정보

㉠ 점 레이어와 폴리곤 레이어(분석 가능 정보)
  - 각 점이 어느 폴리곤 내부에 존재하는지에 대한 정보
    - 소비자가 어떤 상권에 포함되는지에 대한 상권 권역 문제
    - 학생이 어느 학군에 포함되는지에 대한 학군 배정의 문제
    - 각 건물의 토지이용계획 상의 용도지역·지구에 대한 문제 등
  - 각 폴리곤이 포함하고 있는 점들에 대한 정보
    - 지역별 상점의 수 및 특성
    - 지역 또는 권역별 시설물에 대한 정보
㉡ 선형 레이어와 폴리곤 레이어(분석 가능 정보)
  - 각 선이 어느 폴리곤 내에 존재하는지에 대한 정보
    - 선을 포함하고 있는 폴리곤의 번호 및 속성
    - 행정구역명 등
  - 어떠한 선을 내부에 가질 수 있는지의 확인
    - 각 폴리곤 별로 선의 수와 속성을 계산
    - 행정구역별 도로정보의 생성
    - 가스, 통신, 상하수도 등 선형 시설물의 권역별 정보 관리
㉢ 폴리곤 레이어 간의 중첩(중첩에 의한 새로운 레이어 생성)
  - 점, 선, 폴리곤 등에 대한 새로운 위상구조 생성
  - 기존 속성값의 조합에 따른 신규 속성값의 재정의

01 포인트 인 폴리곤(Point in Polygon)의 사례를 제시하시오.

해설
초등학교 분포현황은 점 레이어로 구성되어 있고 시도별 행정경계 데이터는 폴리곤 레이어를 형성한다. 따라서 각 폴리곤에 포함된 점의 개수에 따라 단계구분도를 작성하게 되는 것은 '포인트 인 폴리곤'의 사례라고 할 수 있다.

정답 전국 시도별 초등학교 분포현황을 보여 주는 단계구분도를 제작하려고 할 때 중첩과 관련된 공간관계

02 라인 인 폴리곤(Line in Polygon) 파악의 사례를 제시하시오.

해설
서울시의 자전거 도로는 선형 레이어이고 구별 행정경계 데이터는 폴리곤 레이어이다. 따라서 각 폴리곤마다의 선형 레이어를 구분하고 이 길이의 합을 구하는 것은 '라인 인 폴리곤'의 사례라고 할 수 있다.

정답 서울시 구별 자전거 도로 길이의 합을 계산하여 구별 지도로 출력하고자 할 때 중첩과 관련된 공간관계

4.2.2 래스터 데이터에 대한 지도 대수(Map Algebra)를 이용한 공간연산을 실행할 수 있다.

기출유형 23

동일한 셀 크기를 가지는 래스터 데이터를 이용하여 덧셈, 뺄셈, 곱셈, 나눗셈 등 다양한 수학 연산자를 사용해 새로운 화소 값을 계산하는 방법은?

해설
래스터 레이어 중첩에는 지도 대수 기법과 논리적 연산으로 구분할 수 있다.

정답 지도 대수(Map Algebra) 기법

족집게 과외

❶ 래스터 레이어 중첩

　㉠ 지도 대수(Map Algebra) 기법
　　• 동일한 셀 크기를 가지는 래스터 데이터를 이용하여 덧셈, 뺄셈, 곱셈, 나눗셈 등 다양한 수학 연산자를 사용해 새로운 화소 값을 계산하는 방법
　　• 입력 레이어와 결과 레이어에서 각 화소의 위치는 동일하며 결과 레이어의 각 화소에는 새로운 값이 부여됨
　㉡ 논리적 연산(Logical Operation) 기법
　　• 조건식에 따른 결과 레이어의 산출
　　• 두 레이어의 동일한 위치의 화소 값에 대해 논리적 연산을 수행하고 이때 조건을 충족시키면 결과값은 적합, 조건을 충족시키지 못하면 결과값은 부적합으로 판정

❷ 지도 대수 기법 예시

[예시 1]

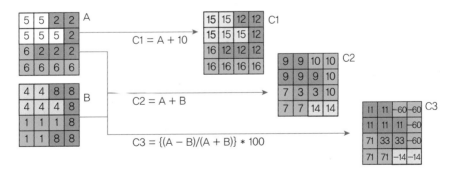

▲ 지도 대수 기법

출처 : 교육부, 「공간정보 분석(LM1402030407_21v2)」, 한국직업능력개발원(2022), p42

[예시 2]

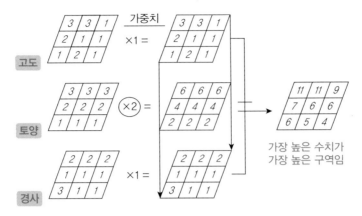

1 = 나쁨 2 = 보통 3 = 좋음

출처 : 교육부, 「공간정보 분석(LM1402030407_21v2)」, 한국직업능력개발원(2022), p29

새롭게 생성되는 레이어는 입력 레이어들과 동일한 위치를 지니는 특성 또는 각 레이어의 동일한 위치에 있는 화소들간에 이루어지는 중첩분석

❷ 지도 대수 기법의 특성

ㄱ 새롭게 생성되는 레이어는 입력 레이어들과 동일한 위치를 지님

ㄴ 입력과 출력에 대응되는 화소의 크기가 다르더라도 문제될 것은 없음(화소가 큰 레이어 측에서 작은 화소의 크기로 일치시켜 연산을 수행한 후, 최종적으로 필요한 화소 크기로 변환하여 출력함)

01 표고, 경사, 향 등의 3개 레이어를 사용하여 주어진 조건을 충족시키는 적합지를 선정하려고 한다. 지도 대수 기법에 의해 적합지를 선정하고자 할 때 각 레이어에 부여될 값과 연산자는 어떻게 적용해야 할지, 그림의 연산식에서 B, D, F의 값과 괄호 안에 들어갈 적합한 연산자를 제시하시오.

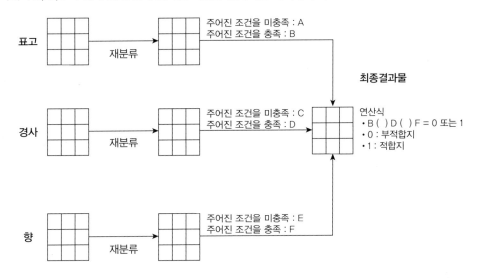

```
B :
D :
F :
B (     ) D (     ) F = 0 또는 1
```

해설

먼저 표고, 경사, 향의 각 레이어에 대해 조건을 충족시키면 1, 충족시키지 못하면 0의 값으로 재분류한다. 이후 곱하기 연산을 통하여 각 레이어의 값을 곱하게 되면 세 가지 조건 모두를 충족시키는 경우 1, 즉 적합지가 되고 그렇지 않은 경우 부적합지가 되는 0이 된다.

정답

B : 1
D : 1
F : 1
B (×) D (×) F = 0 또는 1

02 표고, 경사, 향 등의 3개 레이어를 사용하여 주어진 조건을 충족시키는 적합지를 선정하려고 한다. 지도 대수 기법에 의해 적합지를 선정하고자 할 때 각 레이어에 부여될 값과 연산자는 어떻게 적용해야 할지, 그림의 연산식에서 B, D, F의 값과 괄호 안에 들어갈 적합한 연산자를 제시하시오.

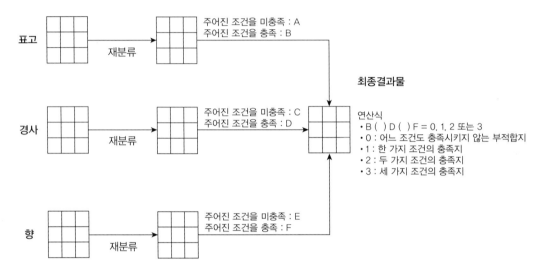

B :
D :
F :
B (   ) D (   ) F = 0, 1, 2 또는 3

해설

먼저 표고, 경사, 향의 각 레이어에 대해 조건을 충족시키면 1, 충족시키지 못하면 0의 값으로 재분류한다. 이후 더하기 연산을 통하여 각 레이어의 값을 더하게 되면 세 가지 조건 모두를 충족시키는 경우 3, 두 가지 조건을 충족시키면 2, 한 가지 조건을 충족시키면 1의 값이 된다. 어느 조건에 대해서도 충족시키지 못하는 경우의 값은 0이다.

정답

B : 1
D : 1
F : 1
B (+) D (+) F = 0, 1, 2 또는 3

03 표고, 경사, 향 등의 3개 레이어를 사용하여 주어진 조건을 충족시키는 적합지를 선정하려고 한다. 지도 대수 기법에 의해 적합지를 선정하고자 할 때 각 레이어에 부여될 값과 연산자는 어떻게 적용해야 할지, 그림의 연산식에서 B, D, F의 값과 괄호 안에 들어갈 적합한 연산자를 제시하시오.

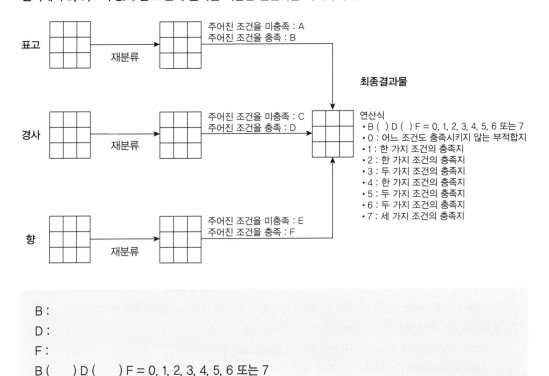

B :

D :

F :

B (   ) D (   ) F = 0, 1, 2, 3, 4, 5, 6 또는 7

해설

먼저 표고, 경사, 향의 각 레이어에 대해 조건을 충족시키지 못하면 0, 충족시키면 순서대로 1, 2, 4의 값으로 재분류한다. 이후 더하기 연산을 통하여 각 레이어의 값을 더하게 되면 세 가지 조건 모두를 충족시키는 경우 7, 두 가지 조건을 충족시키면 3(1+2), 5(1+4), 6(2+4), 한 가지 조건을 충족시키면 1, 2, 4의 값이 된다. 어느 조건에 대해서도 충족시키지 못하는 경우의 값은 0이다. 3의 값인 경우 1과 2의 값의 조합이므로, 표고와 경사에 대한 조건을 충족시키는 것을 알 수 있다.

정답

B : 1

D : 2

F : 4

B (+) D (+) F = 0, 1, 2, 3(1+2), 4, 5(1+4), 6(2+4) 또는 7(1+2+4)

4.2.3 공간정보 소프트웨어를 이용하여 공간정보 다중 레이어를 겹쳐 중첩분석을 수행할 수 있다.

기출유형 24

우리나라 중부지방의 위성영상을 수집하여 10여년 간의 토지피복 변화를 분석할 계획이다. 이때 관심 대상이 서울 지역이라서 위성영상으로부터 서울 지역만을 추출하려고 한다. 이를 위해 필요한 중첩분석 기법은?

해설

마스킹 기법은 특정 영역, 즉 서울 지역만을 선택하기 위해 행정경계 데이터로부터 마스크 레이어(Mask Layer)를 만든 뒤 위성영상과 중첩분석을 수행함으로써 필요한 영역을 추출해내는 기법이다.

정답 마스킹(Masking) 기법

족집게 과외

❶ **중첩분석에 의한 정보의 합성**

　㉠ 각각의 레이어가 갖고 있는 정보의 결합
　　• 정보 결합을 위해 중첩분석의 전 과정에 대한 분석모델 수립과 검증 필요
　　• 사실(Fact)에 기반한 데이터로부터 의사결정까지의 전 과정에 대한 데이터의 변환과 결합에 유의
　㉡ 필요한 도형자료나 속성자료를 선택적으로 추출하여 적용
　　• 마스크 레이어(Mask Layer)를 사용한 마스킹(Masking) 기법
　　• 부울 연산(Boolean Operation)을 통한 방법

❷ **중첩분석의 적용에 따른 기능**

　㉠ 점 자료에 적용
　　• 사칙연산과 같은 단순 연산에서부터 지수나 삼각함수와 같은 복잡한 함수 적용
　　• 강우 측정 지점별 연평균 강우량 측정
　㉡ 점 자료를 중심으로 주변의 속성값을 사용
　　• 주변의 특이점에 대한 상관관계 분석
　　• 거리계산, 주변 값들 간의 평균 · 최대 · 최솟값 · 중간값 등의 선택, 확산 기능, 등고선도 작성 기능 등
　㉢ 선 또는 폴리곤 자료에 적용
　　• 길이, 면적, 객체의 형태 등
　　• 행정구역별 도로의 길이 산정(행정구역의 경계를 나타내는 레이어와 도로망의 분포를 나타내는 레이어의 중첩)

❸ **공간상의 변이에 관한 정보 분석**

시간의 흐름에 따른 공간 데이터베이스 내 정보의 변화 파악과 그에 따른 속성의 합성

❹ **모델링을 위한 중첩분석**

㉠ 현실에 유용한 정보의 추출과 변환

- 분석 목적에 부합되도록 데이터의 분류체계 유지
- 중첩분석 시 요구되는 가중치 설정의 객관성과 타당성 확보

㉡ 의사결정을 위한 모델링 기능 제공

한 레이어의 속성값과 다른 여러 레이어의 속성값을 대상으로 일정한 수학적 연산을 수행하여 새로운 결과를 얻는 것

01 다음 설명이 의미하고 있는 분석기법은?

> • 다양한 주제의 레이어를 사용하여 필요한 정보를 추출하고 결합한다.
> • 하나의 레이어에 존재하는 속성값과 이에 상응하는 다른 레이어에서의 속성값을 대상으로 일정한 수학적 연산을 수행하여 새로운 값을 얻는다.

해설
중첩분석은 각각의 레이어가 갖고 있는 정보를 결합하는 것으로 필요한 도형자료나 속성자료를 선택적으로 추출하여 적용한다.

정답 중첩분석

02 두 레이어 상에서 동일한 위치의 픽셀 값에 대해 특정 조건에 부합되면 적합, 그렇지 않으면 부적합 등을 판단하는 분석기법은?

해설
중첩분석은 두 레이어 상에서 동일한 위치의 속성에 대한 분석을 수행하는 기법으로 적합 또는 부적합 등의 논리적인 판단이 이루어진다.

정답 중첩분석

03 선 자료와 폴리곤 자료에 적용될 수 있는 중첩분석의 사례는?

해설
행정구역의 경계를 나타내는 레이어와 도로망의 분포를 나타내는 레이어의 중첩에 따른 행정구역별 도로의 길이를 구하는 것이 해당된다.

정답 행정구역별 도로의 길이 구하기

04 주어진 점 자료를 중심으로 주변의 속성값을 사용하는 중첩분석의 사례는?

해설
주변의 특이점에 대한 상관관계 분석이다.

정답 주어진 점 자료 주변의 특이점과의 거리, 경사도 및 경사방향 등

4.2.4 각 레이어가 포함하고 있는 공간객체 또는 형상들 간의 관계를 분석할 수 있다.

기출유형 25

다음 그림에서 두 객체 간의 관계는?

해설

각 객체 간의 관계를 설명하는 경우 객체의 내부, 경계, 외부와의 관계를 모두 포함하고 있는 표현이어야 한다. 따라서 단순히 '만난다'라는 표현만으로는 부족하다. 어디(내부, 경계, 외부 등)에서 어떻게(교차, 미교차, 포함, 접촉 등) 만나고 있는지에 대한 상태를 설명할 수 있어야 한다. 물론 이러한 표현과 정의는 공간분석 소프트웨어마다 다르게 이루어지므로, 사용 시 유의해야 한다.

정답 접촉(Touch) : 두 객체의 경계는 접촉되어 있지만 내부는 닿아있지 않다.

족집게 과외

❶ 공간객체 또는 형상들 간의 관계

(출처 : Oracle, 「Oracle Spatial, Spatial Developer's Guide」, 21c, 2022, p.15~16)

㉠ 포함(CONTAINS)과 내부(INSIDE)
- 포함
  한 객체가 다른 객체의 내부와 경계를 완전히 포함
- 내부
  – 포함과 상대되는 관계
  – 한 객체의 내부와 경계가 다른 객체에 완전히 포함됨
  – 'B INSIDE A'는 'A CONTAINS B'를 의미

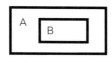

A CONTAINS B
B INSIDE A

㉡ 덮음(COVERS)과 덮힘(COVEREDBY)
- 덮음
  한 객체가 다른 객체의 내부를 포함하고 있으며 다른 객체의 경계가 이 객체의 경계와 교차하는 경우

- 덮힘
  - 덮음과 상대되는 관계
  - 한 객체가 다른 객체의 내부에 포함되어 있으며 이 객체의 경계가 다른 객체의 경계와 교차하는 경우
- 'B COVEREDBY A'는 'A COVERS B'를 의미

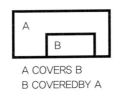

A COVERS B
B COVEREDBY A

ⓒ 접촉(TOUCH)

경계가 접촉되어 있지만 내부는 닿아 있지 않음

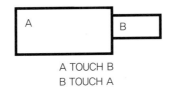

A TOUCH B
B TOUCH A

ⓔ 경계와 내부의 교차(OVERLAPBDYINTERSECT)

두 객체의 경계와 내부가 교차

A OVERLAPBDYINTERSECT B
B OVERLAPBDYINTERSECT A

ⓜ 서로의 내부 교차, 각 경계는 미교차(OVERLAPBDYDISJOINT)

한 객체의 내부와 다른 객체의 경계 및 내부가 교차하지만, 서로의 경계는 교차하지 않음

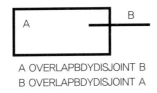

A OVERLAPBDYDISJOINT B
B OVERLAPBDYDISJOINT A

ⓗ 동등(EQUAL)

각 객체가 동일한 좌표. 즉, 동일한 경계와 내부를 갖고 있음

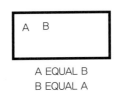

A EQUAL B
B EQUAL A

ⓐ 분리(DISJOINT)

각 객체가 서로 분리되어 있음

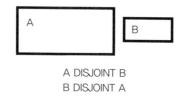

A DISJOINT B
B DISJOINT A

ⓞ 위에 놓임(ON)

한 객체의 내부와 경계가 다른 객체의 경계 위에 놓임

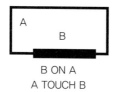

B ON A
A TOUCH B

01 다음 그림에서 두 객체 간의 관계는?

> **해설**
> 각각의 객체가 서로 분리되어 있다.

> **정답** 분리

02 다음 그림에서 두 객체 간의 관계는?

> **해설**
> 두 객체의 경계와 내부가 교차되어 있다.

> **정답** 경계와 내부의 교차

03 다음 그림에서 두 객체 간의 관계는?

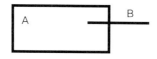

해설
한 객체의 내부와 다른 객체의 경계 및 내부가 교차하지만, 서로의 경계는 교차하지 않는다.

정답 서로의 내부 교차, 각 경계는 미교차

04 다음 그림에서 두 객체 간의 관계는?

해설
• 포함 : 한 객체가 다른 객체의 내부와 경계를 완전히 포함한다.
• 내부 : 한 객체의 내부와 경계가 다른 객체에 완전히 포함된다.

정답 포함과 내부

4.2.5 중첩분석에 포함된 연산도구를 활용할 수 있다.

기출유형 26

다음 각 레이어들 간의 중첩분석 연산에 따른 결과는? (단, 사각형 객체가 입력 레이어, 원형 객체가 연산 레이어이다)

1. 자르기(Clip)

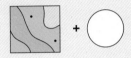 +

2. 교차(Intersection)

해설
중첩분석 연산자 가운데 '자르기'와 '교차'의 차이점을 이해해야 한다. 자르기는 연산 레이어의 외곽 경계를 이용하여 입력 레이어를 추출하는 것이고, 교차는 입력 레이어와 연산 레이어를 중첩하여 서로 교차하는 영역을 추출한다. 교차에서는 두 영역 모두에 공통적으로 해당하는 속성을 대상으로 하고 있다.

정답
1. 자르기(Clip)

2. 교차(Intersection)

족집게 과외

① 중첩분석에 포함된 연산도구

㉠ 자르기(Clip)

두 번째 레이어의 외곽 경계를 이용하여 첫 번째 레이어를 자름

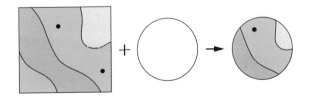

ⓛ 지우기(Erase)

두 번째 레이어를 이용하여 첫 번째 레이어의 일부분을 지움

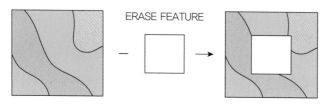

ⓒ 교차(Intersection)

두 개의 레이어를 교차하여 서로 교차하는 범위의 모든 면을 분할하고 각각에 해당하는 모든 속성을 포함

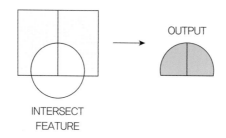

ⓔ 결합(Union)

두 개의 레이어를 교차하였을 때 중첩된 모든 지역을 포함하고 모든 속성을 유지

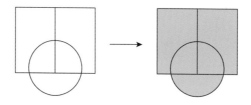

ⓜ 동일성(Identity)

첫 번째 레이어의 모든 형상은 그대로 유지되지만 두 번째 레이어의 형상은 첫 번째 레이어의 범위에 있는 형상만 유지

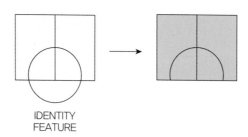

ⓗ 대칭차이(Symmetric Difference)

두 레이어 간 중첩되지 않는 부분만을 결과 레이어로 함

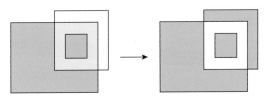

출처 : 교육부, 「공간정보 분석(LM1402030407_21v2)」, 한국직업능력개발원(2022), p.29~30

❷ 중첩분석의 예시

'A1'과 'A2' 두 개의 값을 가진 벡터 레이어 A와 'B1'에서 'B4'까지 네 개의 값을 가진 벡터 레이어 B가 '교차' 연산에 의해 중첩되면, 결과 레이어 C는 'C1'에서 'C6'까지 여섯 개의 새로운 항목의 값을 갖게 된다.

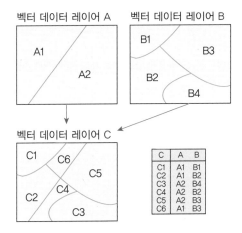

▲ 교차연산에 의한 중첩분석의 데이터 처리 과정

출처 : 교육부, 「공간정보 분석(LM1402030407_21v2)」, 한국직업능력개발원(2022), p.30

Tip

중첩분석에 의한 결과는 도형 데이터만 변환되는 것이 아니라 속성 데이터 또한 완전히 새로운 항목으로 재분류되어 작성되어야 함

01 레이어의 중첩분석 시 '자르기' 연산의 사례를 제시하시오.

> **해설**
> 서울시 전역의 토지이용도 레이어에서 강남구의 행정경계를 자르기 연산으로 적용함으로써 강남구의 토지이용도만을 새로운 레이어로 추출한다.
>
> **정답** 서울시 토지이용도 레이어에서 강남구의 토지이용도만을 새로운 레이어로 추출하기

02 레이어의 중첩분석 시 '교차' 연산의 사례를 제시하시오.

> **해설**
> 서울시 공원 레이어와 서울시 구 경계 레이어를 '교차' 연산으로 중첩한 뒤, 각 구별 공원 면적을 합산하여 산출한다.
>
> **정답** 서울시 각 구별로 공원 면적이 얼마나 되는지 합산하기

03 다음 객체들 간의 중첩분석 연산(동일성, Identity)에 따른 결과는?

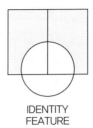

IDENTITY
FEATURE

04 다음 객체들 간의 중첩분석 연산(대칭차이, Symmetric Difference)에 따른 결과는?

해설

두 레이어 간 중첩되지 않는 부분만을 결과 레이어로 추출한다.

정답

03 공간정보 버퍼분석하기

| 출제 기준 |

4.3.1 공간정보 소프트웨어를 이용하여 공간객체에 대해 일정한 폭을 가진 구역인 버퍼를 생성할 수 있다.

기출유형 27

버퍼분석 수행을 위해 500m 단위의 버퍼 거리를 지정하려고 한다. 그런데 공간분석 소프트웨어 상에서의 버퍼 거리는 도(°) 단위로 표시되고 있다. 미터(m) 단위로 변경하려면 필요한 것은?

해설
미터 단위로 버퍼 거리를 입력하기 위해서는 미터 단위를 기준으로 하는 좌표체계로 변환하여야 한다. 즉, 위도와 경도를 사용하는 좌표계(WGS84/EPSG:4326)를 미터 단위의 EPSG:5174, EPSG:5179 등과 같은 좌표계로 변환해주어야 한다.

정답   좌표계의 변경

족집게 과외

❶ 버퍼

ㄱ 정의

일정한 폭을 가진 구역

ㄴ 주의점

버퍼 단위를 m(미터)로 표현할 수 있는 좌표체계로 변환

❷ 버퍼존(버퍼 영역, Buffer Zone)

일정한 폭으로 표현되는 지정된 거리에 대한 안쪽 영역

❸ 데이터 모델에 따른 버퍼 유형

ㄱ 벡터 데이터

- 점 버퍼
- 선 버퍼

  선 양쪽 또는 한 쪽 방향으로의 버퍼

- 폴리곤 버퍼

  벡터 폴리곤의 외부 또는 내부를 향하는 버퍼

ⓛ 래스터 버퍼
- 공간해상도에 따른 버퍼 형태의 왜곡에 주의
- 미리 산정된 버퍼 확산 모델의 적용으로 계산의 효율 증대

❹ 방향에 따른 버퍼 유형
ㄱ 외향 버퍼
고속도로로부터의 소음 방지를 위한 방음림 배치
ㄴ 내향 버퍼
해안선 환경보호를 위한 해안선 내부로의 도로 신설 계획 수립

❺ 버퍼 생성 시 버퍼 거리(Buffer Distance)의 정의
ㄱ 일정한 값의 버퍼 거리 설정
객체의 유형과는 관계없이 일정한 거리 또는 간격으로 생성
ㄴ 조건에 따라 다르게 적용되는 버퍼 거리
- 버퍼 시점으로부터 종점까지 증가하거나 감소하는 버퍼 거리
- 좌·우측 방향에 대해 한 방향으로만 부여하는 버퍼 거리
- 방향에 따라 다르게 적용되는 버퍼 거리

❻ 일정한 폭을 가진 버퍼 구역 생성
ㄱ 공간분석 소프트웨어 상에서 사용자가 공간객체를 선택한 후 버퍼 거리 입력
ㄴ 버퍼 대상 객체가 한 개 또는 개별적으로 존재할 경우, 각 객체는 하나의 구역으로 버퍼를 생성(버퍼 구역은 동일한 속성으로 부여)
ㄷ 버퍼 대상 객체가 여러 개일 경우 버퍼 구역은 중첩되어 나타날 수 있으므로, 분석 목적과 내용에 부합되도록 디졸브(Dissolve)를 수행하여 버퍼 구역을 단순화하거나 각 버퍼 구역에 새로운 값을 부여

01 벡터의 폴리곤 데이터에 버퍼 분석을 적용하여 외향 버퍼를 구하였다. 활용 가능한 분석의 예시는?

해설
이 외에도 외향 버퍼에 대한 예시는 호수 주변의 경관구역 지정, 초등학교 주변 안전구역 설정, 대형 종합병원의 권역 설정 등 다양하다.

정답 고속도로로부터의 소음 방지를 위한 방음림 배치

02 벡터의 폴리곤 데이터에 버퍼 분석을 적용하여 내향 버퍼를 구하였다. 활용 가능한 분석의 예시는?

해설
이 외에도 내향 버퍼에 대한 예시는 국립공원 경계로부터의 산불 방재구역 설정 등 다양하다.

정답 해안선 환경보호를 위한 해안선 내부로의 도로 신설 계획 수립

4.3.2 점형 자료의 버퍼를 이용한 버퍼존을 생성하여 이용권역 분석을 할 수 있다.

기출유형 28

다음의 괄호 안에 적합한 용어는?

단순 버퍼(Simple Buffer)는 버퍼를 수행하는 과정에서 중첩되는 영역에 대해 (   )을/를 수행하여 버퍼 영역 내의 경계가 병합된 것이다.

해설
버퍼 영역에 대해 디졸브를 수행하여 버퍼 경계를 병합한다.

정답 디졸브(Dissolve)

족집게 과외

❶ 점 버퍼
점 주변에 버퍼 거리에 따라 정의된 반경으로 원형의 버퍼가 형성

❷ 유형
ㄱ 단순 버퍼(Simple Buffer)
- 버퍼를 수행하는 과정에서 중첩되는 영역에 대해 디졸브(Dissolve)를 수행하여 버퍼 영역 내의 경계가 병합된 것
- 버퍼 영역의 가장 바깥 경계만 남아 영향권의 범위를 파악할 수 있음
- 특정 이벤트의 발생으로부터 영향을 받는 최대 범위만을 산정하는 경우에 적용
ㄴ 복합 버퍼(Compound Buffer)
- 단순 버퍼와는 달리 버퍼 영역 내의 각 경계가 유지되면서 몇 개의 영역이 중첩되는지를 표현한 버퍼
- 버퍼의 각 중첩된 영역 내에 미치는 영향권의 누적 상태를 비교할 수 있음
- 특정 이벤트의 발생에 비례해서 내부에 각각 얼마나 많은 영향을 미치는지 파악하기 위한 경우에 적용
ㄷ 동심원 버퍼(Nested Buffer)
- 각 점을 중심으로 해서 영향권의 거리 간격에 따라 동심원을 그리듯이 생성한 버퍼
- 복합 버퍼와 같은 버퍼 영향에 따른 누적은 고려하지 않고 단순히 거리만을 기준으로 생성한 것
- 특정 이벤트가 발행하면 이벤트 발생 수와는 관계없이 발생 지점으로부터의 거리 산정이 필요할 경우 적용

❸ **이용권역 분석**

　㉠ 정의

　　생성된 버퍼 구역 내의 접근성, 시설물의 분포 등 다양한 요인을 분석해 이용 가능성과 영역의 범위를 파악하는 분석

　㉡ 분석 예시

　　• 노인복지시설의 서비스 권역 분석 : 노인복지시설로부터 반경 400미터 이내의 지역분석

　　• 점 버퍼를 이용한 근접지역 검색

　　　− 서울시 지하철역 주변의 공공도서관 찾기

　　　− 지하철역 반경 500미터 이내 위치한 공공도서관 찾기

01 이용권역 분석에 사용되는 버퍼의 활용 예시는?

버퍼를 통해 설정된 구역 내의 시설물 분포, 이용할 수 있는 시설물의 개수 측정 등 다양하게 활용할 수 있다.

정답 노인복지시설로부터 반경 400미터 이내에 이용할 수 있는 체육시설의 개수 산정

02 점 버퍼를 이용한 이용권역 분석의 예시는?

해설
주어진 버퍼 영역 내에서의 시설물을 찾아 가장 가까운 시설까지의 최단 거리를 산정하거나 모든 시설물까지의 평균 거리를 산정하는 등 다양하게 활용할 수 있다.

정답 지하철역 반경 500미터 이내 위치한 공공도서관 가운데 가장 가까운 도서관 찾기

4.3.3 선형자료의 버퍼를 적용하여 근접지역 검색을 수행할 수 있다.

기출유형 29

벡터의 선형자료에 버퍼를 수행하여 활용하는 예시는?

해설
벡터의 선형자료는 도로망, 수계망 등에 대해 접근성이나 근접 지역을 검색하는 등으로 활용할 수 있다.

정답 간선도로로부터 일정 거리 이내의 접근성이 높은 지역 찾기

족집게 과외

❶ 근접지역의 검색
  ㉠ 근접지역의 정의
    얼마나 떨어져 있는지의 표현
  ㉡ 근접지역 검색
    공간상의 객체가 얼마나 가까이, 또한 어떠한 상태로 존재하는가 검색

❷ 버퍼와 근접지역 검색
  ㉠ 점 버퍼
    특정 지점으로부터 얼마나 떨어져 있는지에 관한 영향권 파악에 유용
  ㉡ 선 버퍼
    선의 굴곡과 일치하면서 선의 양쪽으로 버퍼 거리만큼 띠 모양으로 버퍼가 형성
  ㉢ 폴리곤 버퍼
    폴리곤 둘레에 형상을 따라 폴리곤의 변 주변으로 일정 거리만큼 영역이 형성

❸ 분석 예시
  ㉠ 선 버퍼
    • 도로 주변에서 조건에 맞는 필지 찾기
    • 도로확장에 따른 토지보상이 필요한 필지정보 확인하기

01 선형자료에 버퍼를 적용하여 접근성 분석을 수행하는 예시는?

[해설]
도로망과 같은 선형 데이터에 일정 거리의 버퍼를 적용함으로써 접근성 정도를 파악하는 데 활용할 수 있다.

[정답] 8차선 이상의 도로로부터 500m 이상 떨어져 있어 접근성이 낮은 소방서 찾기

02 선형자료에 버퍼를 적용하여 근접지역 분석을 수행하는 예시는?

[해설]
서비스 가능 관련 분석을 통하여 배달 가능한 최대 권역을 설정할 수 있고, 또한 도달 시간에 따라 10분, 20분 등 권역 내에서의 구분도 가능하다.

[정답] 배달 권역의 설정에 따라 10분 내 도달 지역, 20분 내 도달 지역 등의 구분

4.3.4 다중 링 버퍼분석(Multiple Ring Buffer Analysis)을 이용하여 거리 변화에 따른 연속된 버퍼를 생성할 수 있다.

기출유형 30

분석 대상이 되는 영향권에 따라 여러 개의 버퍼를 생성하여 거리 증가에 따른 영향력을 분석하는 방법은?

해설
다중 링 버퍼는 다중 고리 버퍼, 연속 버퍼(Continuos Buffer) 등으로 불린다.

정답 다중 링 버퍼

족집게 과외

❶ 다중 링 버퍼(Multiple Ring Buffer)

㉠ 정의
- 단일 버퍼(Discrete Buffer)
  버퍼 시작점으로부터 일정 크기를 지닌 하나의 버퍼
- 다중 링 버퍼
  - 버퍼 시작점으로부터 일정 크기를 지닌 하나 이상의 버퍼
  - 버퍼 계산을 위해 설정된 버퍼 거리에 따라 연속적인 등간격으로 영향권을 생성하게 되는 버퍼

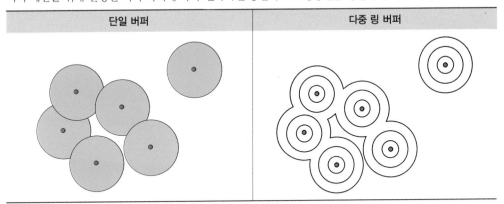

단일 버퍼	다중 링 버퍼

㉡ 활용
- 주어진 공간객체로부터 버퍼존이 형성되기 때문에 하나의 버퍼가 아닌 여러 개의 다중 링 버퍼를 구축
- 분석대상이 되는 영향권에 따라 여러 개의 버퍼를 생성하고 거리 증가에 따른 영향력을 분석

❷ 분석 예시
- 도서관 이용객의 영향권 분석
- 도서관으로부터 2.5, 5, 7.5km 등 3개 버퍼로 나누어 영향권을 분석

01 다중 링 버퍼 분석의 예시는?

다중 링 버퍼 분석은 여러 지점에서 발생한 가스 유출 사고에 대해 거리의 증가에 따라 어떠한 피해가 발생하고 있는지에 대한 분석에 유용하다.

정답 여러 곳의 화학물질 저장소에서 사고로 유출된 가스의 확산 거리별 피해 분석

02 다중 링 버퍼의 영향권을 분석하기 위한 거리 산정 시 래스터 데이터와 벡터 데이터의 차이점은?

해설
래스터 데이터 모델에서는 동서남북 방향으로의 거리와 대각선 방향으로의 단위 거리가 다르다. 따라서 거리 산정 시 방향에 대한 고려가 필요하다. 그러나 벡터 데이터 모델에서는 시작 지점으로부터 모든 방향으로의 거리는 동일하게 산정한다.

정답 방향에 따른 거리 산정 방법

04 지형분석하기

| 출제 기준 |

4.4.1 수치지형도의 표고점 및 등고선 레이어를 이용하여 수치표고모델(DEM)을 생성할 수 있다.

기출유형 31

다음 문장들의 괄호 안에 공통적으로 들어갈 적절한 단어는?

- 등고선을 따라 디지타이징된 점 데이터를 (　　)에 의해 규칙적인 간격을 가진 DEM이나 TIN 데이터 구조로 변환하여 지형을 나타낼 수 있다.
- 등고선 레이어로부터 (　　)에 의하여 DEM이나 TIN 데이터 구조로 변환하여 지형을 나타낼 수 있다.

해설
보간법을 사용하여 표고점 및 등고선 레이어로부터 수치표고모델(DEM)을 생성할 수 있다.

정답 보간법

족집게 과외

❶ 표고점(Elevation Point)

지도에서 표고를 숫자로 나타낸 지점

❷ 수치표고모델(DEM)

규칙적인 간격으로 표본지점이 추출된 격자 형태의 데이터 모델

❸ 수치지형 데이터의 취득 방법

ⓧ 야외조사, 사진측량, GNSS, 라이다(Lidar) 등을 통한 취득

조사 지점 또는 표본 지점에 대해 연속적으로 또는 불규칙적으로 X, Y, Z의 값을 취득

ⓛ 기존 등고선 지도로부터의 취득방법

- 등고선을 따라 니지타이징된 점 데이터를 보간법에 의해 규칙적인 간격을 가진 DEM이나 TIN 데이터 구조로 변환하여 지형을 나타낼 수 있음
- 등고선 레이어로부터 보간법에 의하여 DEM이나 TIN 데이터 구조로 변환하여 지형을 나타낼 수 있음

❹ 표고점을 이용한 수치표고모델 생성

　　㉠ 라이다 데이터의 처리를 위한 플러그인

　　　　• QGIS에서 사용하기 위해서는 LAStools(https://lastools.github.io/)가 필요하며, 다운로드(https://rapidlasso.de/downloads/)를 수행한 뒤 사용 환경 설정

　　　　• 플러그인의 다양한 라이선스(Open Source, Closed Source, Free Tools)에 유의하여 사용

　　㉡ LAStools를 이용한 DEM 생성

　　　　• 사용할 데이터의 좌표계 설정

　　　　• 포인트 클라우드 데이터 속성이 코드에 의해 구분되어 있지 않을 경우 'Ground'와 'Ground'가 아닌 것으로 구분

　　　　• 'Ground' 포인트만으로 보간을 적용하여 DEM 생성

[LAS 분류 코드]

분류 코드	의미
0	Never classified
1	Unassigned
2	Ground
3	Low Vegetation
4	Medium Vegetation
5	High Vegetation
6	Building
7	Low Point
8	Reserved
9	Water
10	Rail
11	Road Surface
12	Reserved
13	Wire − Guard(Shield)
14	Wire − Conductor(Phase)
15	Transmission Tower
16	Wire − Structure Connector(Insulator)
17	Bridge Deck
18	High Noise
19 − 63	Reserved
64 − 255	User Definable

출처 : ASPRS(American Society for Photogrammetry and Remote Sensing) LAS format 1.11.4
(https://desktop.arcgis.com/en/arcmap/latest/manage− data/las− dataset/lidar− point− classification.htm)

❺ 등고선 레이어를 이용한 수치표고모델 생성

ⓐ 국토지리정보원의 국토정보플랫폼에서 제공하고 있는 '수치지도받기'를 통해 '국토정보맵(https://map.ngii.go.kr/ms/map/NlipMap.do)'으로부터 원하는 지역의 수치지형도(축척 1/5,000의 수치지형도이며, 파일형식은 DXF 포맷)를 다운로드

ⓑ 수치지형도로부터 등고선 및 높이값(Z값) 추출

- 수치지형도로부터 도형 유형이 'Line String'으로 정의된 벡터 레이어 선택
- 분석 대상 지역이 여러 개의 레이어에 걸쳐 있다면 벡터 레이어의 병합 과정이 필요하며, 이때 좌표계 설정에 유의
- 도형 유형이 'Line String'인 경우 교통(A), 건물(B), 시설(C) 등 다른 정보도 함께 담겨 있으므로 지형(F)의 등고선만을 추출하는 과정이 필요
- 등고선을 추출하기 위해서는 주곡선(F0017111)과 계곡선(F0017114) 객체를 선택하여 저장

  ("Layer" = 'F0017111') or ("Layer" = 'F0017114')

  – QGIS 소프트웨어의 경우, 속성 테이블에서 '표현식으로 선택' 기능을 통하여 필요한 데이터를 선택할 수 있음
  – 속성 테이블의 필드 값에는 쌍따옴표(" ")를, 객체에는 홑따옴표(' ')를 사용
  – 수치지형도의 지형지물 표준 코드에서 'F'는 지형을 의미하며, 주곡선과 계곡선에는 다른 객체와는 달리 높이값이 존재

- QGIS 소프트웨어의 경우 .shp 파일을 사용하여 등고선의 높이값을 유지하기 위해서는 선택한 객체(주곡선과 계곡선)의 'Z차원 포함'의 설정 필요

ⓒ DEM 제작

- 등고선 레이어로부터 보간법에 의하여 DEM 데이터 변환
- 보간을 위한 속성값으로는 Z 좌푯값 이용
- 보간방법은 역거리 가중(Inverse Distance Weighting, IDW), TIN 보간, 크리깅(Kriging), 추세 표면 보간 (Trend Surface Interpolation) 등 다양한 방법의 적용 가능
- 픽셀의 크기는 분석에 필요한 적정 크기가 되도록 지정

01 ASPRS(American Society for Photogrammetry and Remote Sensing)의 LAS format 1.1~1.4에서 정의하고 있는 'Ground'의 분류 코드는?

해설
LAS 분류 코드에서 'Ground'의 값은 2이다.

정답 2

02 수치지형도로부터 등고선을 추출하기 위하여 QGIS 소프트웨어를 사용하여 속성 테이블에 다음과 같은 표현 식을 사용하였다. 어떤 내용인지 설명하시오.

("Layer" = 'F0017111') or ("Layer" = 'F0017114')

해설
등고선을 추출하기 위해서는 수치지형도에서 정의하고 있는 주곡선(F0017111)과 계곡선(F0017114) 객체의 코드를 이해하고 있어야 한다.

정답
수치지형도로부터 등고선을 추출하기 위하여 속성 테이블의 "Layer" 필드로부터 주곡선(F0017111)과 계곡선(F0017114) 객체를 선택하는 수식이다.

03 다음 문장의 괄호 안에 들어갈 적절한 단어는?

수치지형도의 지형지물 표준 코드에서 'F'는 지형을 의미하며 주곡선과 계곡선에는 다른 객체와는 달리 (   )이/가 존재
한다.

해설
수치지형도의 지형지물 표준 코드에서 'F'는 지형을 의미하며 주곡선과 계곡선에는 다른 객체와는 달리 높이값이 존재한다.

정답 높이값, Z값 또는 Z 좌푯값

4.4.2 점형 표고점 혹은 등고선과 같은 공간자료를 이용하여 TIN을 생성할 수 있다.

기출유형 32

표본 추출된 표고점을 선택적으로 연결하여 부정형의 삼각형으로 이루어진 모자이크식 지형 표현 방식은?

해설
TIN은 벡터 데이터 형식으로 위상 구조를 가지고 있어 DEM으로 변환하거나 다양한 지형분석이 가능하다.

정답 부정형 삼각 네트워크(TIN, 불규칙 삼각망)

족집게 **과외**

❶ **부정형 삼각 네트워크(TIN, 불규칙 삼각망)**

　㉠ 정의

　　표본 추출된 표고점을 선택적으로 연결하여 부정형의 삼각형으로 이루어진 모자이크식 지형 표현 방식

　㉡ 특징

　　• 지형의 특성을 고려하여 불규칙적으로 표본 지점을 추출하였기 때문에 경사가 급한 곳은 조밀하게 삼각형으로
둘러싸여 나타남

　　• 세 변의 길이가 같은 정삼각형 형태에 근접할수록 보다 정확한 지표면의 형태를 보간할 수 있음

　　• 비교적 적은 지점에서 추출된 표고 자료를 이용하여 전반적인 지형의 형태를 나타낼 수 있음

　㉢ 구성 요소

　　• 각 삼각형 꼭짓점의 X, Y, Z 좌표정보
추출된 표본점들은 X, Y, Z값을 가지고 있음

　　• 변은 선형의 형상을 나타냄
페이스(Face), 노드(Node), 에지(Edge)로 구성

　　• 위상정보
벡터 데이터 모델이므로 위상 구조를 가지고 있음

　㉣ 활용

　　• 경사 크기(Gradient)와 경사 방향(Aspect), 체적(Volume) 등의 산정

　　• 점 형태의 표고 자료로부터 삼각형의 면 데이터로 변환한 뒤 내삽(Interpolation), 즉 보간식을 도출하여 DEM
을 만들 수 있음

　　• 위상구조를 가질 수 있어 공간분석에도 활용할 수 있음

　　• 일정지역 내 연속적인 변이를 갖는 특징이나 속성을 표현하는 데 사용

ⓜ 장단점
- 장점
  - 적은 자료량을 사용해 복잡한 지형(계곡, 골짜기, 정상, 특이지형 등)의 상세한 표현
  - 래스터 방식과 비교해 정확하고 효과적인 방식의 지표면 표현
  - 압축기법의 사용으로 용량 감소 가능
- 단점
  - 래스터 방식에 비해 많은 자료 처리가 필요
  - TIN 생성 알고리즘에 따라 오차 발생 가능
  - 생성된 삼각형 부근에서 만들어지는 불필요한 객체를 제거하기 위한 수작업이 필요할 수 있음

ⓑ 위상정보 테이블
- 아크 속성 테이블
  모든 변의 연결성과 방향성을 알려주는 노드(From Node to Node)에 대한 정보
- 노드 속성 테이블
  각 삼각형을 이루는 노드의 좌표와 표고
- 폴리곤 속성 테이블
  각 삼각형을 구성하고 있는 변들과 인접한 삼각형의 정보

ⓢ TIN 모델의 위상정보 예시

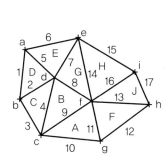

변 ID	길이	From-node	to-node
1	124	b	a
2	108	b	d
3	119	c	b
4	178	c	d
5	120	d	a
--	--	--	--
--	--	--	--

노드 ID	X	Y	표고
a	780,005	33,036	105
b	780,003	33,020	92
c	780,016	33,005	85
d	780,021	33,028	120
e	780,048	33,040	95
--	--	--	--
--	--	--	--

삼각형 ID	면적	변 1	변 2	변 3	이웃하는 삼각형
A	7800	9	10	11	B, F, -
B	8210	9	4	8	A, G, C
C	6504	2	4	3	D, -, B
D	6890	1	2	5	-, E, C
E	7650	5	6	7	G, D, -
--	--	--	--	--	--
--	--	--	--	--	--

▲ TIN의 위상정보 테이블의 예시

출처 : 이희연, 심재현, 「GIS 지리정보학」, 도서출판 법문사, p201

❷ 델로니 삼각망(Delaunay Triangulation)

　㉠ 개요

　　표본점으로부터 삼각형의 네트워크를 생성하는 방법

　㉡ 정의

　　삼각형의 외접원 내부에 다른 점이 포함되지 않도록 연결된 삼각망

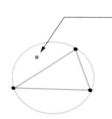

삼각형의 외접원 내부에 다른 점이 포함되면 안되는 원칙에 어긋난 델로니 삼각망

▲ 델로니 삼각망의 구성 원칙

　㉢ TIN 형성 과정

　　• 1단계 : TIN 형성을 위해 주어진 높이점

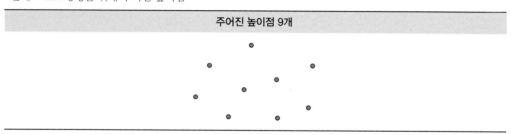

　　• 2단계 : 다양하게 만들어질 수 있는 삼각망

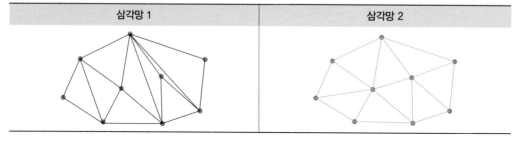

　　• 3단계 : 외접원 내에 다른 점이 포함되지 않아야 하는 원칙의 확인

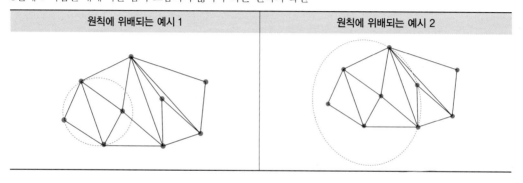

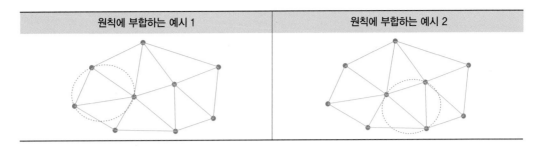

원칙에 부합하는 예시 1	원칙에 부합하는 예시 2

❸ **보로노이 다이어그램(Voronoi Diagram)을 이용한 TIN 구축**

보로노이 다각형 또는 티센 다각형(Thiessen Polygon)으로 구성할 수 있는 델로니 삼각망의 집합은 유일하며, 이러한 유일성을 바탕으로 TIN 구축

주어진 높이점에 대한 보로노이 다이어그램	보로노이 다이어그램과 델로니 삼각망

01 다음의 점 데이터에 대해 TIN을 생성하려고 한다. 주어진 점들에 대한 보로노이 다이어그램과 델로니 삼각망을 모두 그리시오.

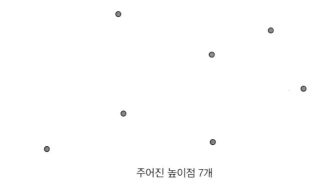

주어진 높이점 7개

해설

TIN은 주어진 점들에 대해 보로노이 다이어그램과 델로니 삼각망의 구성 원리에 따라 유일성이 보장되도록 생성된다.

정답

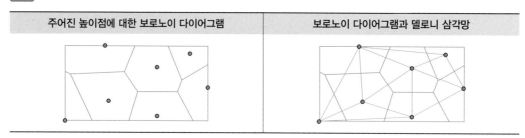

주어진 높이점에 대한 보로노이 다이어그램	보로노이 다이어그램과 델로니 삼각망

02 다음의 점 데이터에 대해 TIN을 생성하려고 한다. 주어진 점들에 대한 보로노이 다이어그램과 델로니 삼각망을 모두 그리시오.

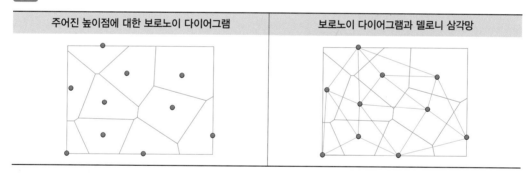

주어진 높이점 10개

해설

TIN은 주어진 점들에 대해 보로노이 다이어그램과 델로니 삼각망의 구성 원리에 따라 유일성이 보장되도록 생성된다.

정답

주어진 높이점에 대한 보로노이 다이어그램	보로노이 다이어그램과 델로니 삼각망

03 TIN의 생성에 있어 삼각형의 외접원 내부에 다른 점이 포함되지 않도록 하는 원칙을 적용한다. 이 원칙이 적용되는 삼각망은?

해설
델로니 삼각망은 표본점으로부터 삼각형의 네트워크를 생성하는 방법으로 삼각형의 외접원 내부에 다른 점이 포함되지 않도록 연결된다.

정답 델로니 삼각망(Delaunay Triangulation)

4.4.3 DEM을 이용하여 경사도(Slope) 및 주향(Aspect) 분석, 음영기복도 작성 등과 같은 지형분석을 할 수 있다.

기출유형 33

음영기복도 작성을 위해 DEM 레이어와 함께 필요한 항목 두 가지는?

해설
음영기복도는 입력되는 DEM 래스터 레이어에 태양의 수평각도(방위각, Azimuth)와 수직각도(태양고도각, Vertical Angle)를 입력하여 작성한다.

정답 태양의 수평각도, 수직각도

족집게 **과외**

❶ **경사도(Slope)**

㉠ 정의

지형의 수평에 대한 기울어진 각도

㉡ 표현

도 단위(°, Degree) 또는 백분율(%)을 사용

㉢ 경사도의 산정

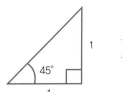

경사 = 45°

경사도(%) = $\dfrac{\text{높이}}{\text{밑변}} \times 100 = \dfrac{1}{1} \times 100 = 100\%$

경사 = 30°

경사도(%) = $\dfrac{\text{높이}}{\text{밑변}} \times 100 = \dfrac{0.58}{1} \times 100 = 58\%$

ⓔ 경사도의 백분율과 도 단위의 변환

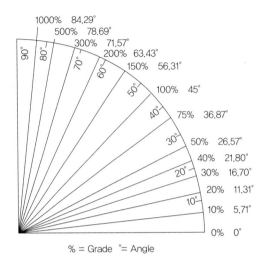

% = Grade ˚= Angle

ⓜ 분석을 위해 필요한 항목
- 입력되는 DEM 래스터 레이어
- Z 팩터(수직 과장, Exaggeration) 또는 수직단위와 수평단위의 비율
  - 높이의 Z 단위(피트 단위)가 X 및 Y 단위(미터 단위)와 다를 때 유용
  - 이 값을 증가시키면 경사가 더 심하게 보이도록 시각적 효과를 얻을 수 있음

❷ 주향(경사방향, Aspect)

㉠ 정의

지형의 기울어진 방향

㉡ 표현
- 0˚에서 360˚까지의 값
- 북(0˚)으로부터 시작해서 시계방향으로 값이 증가
- 북쪽을 바라보면서 오른쪽이 동쪽(E), 왼쪽이 서쪽(W)이므로 동쪽으로의 경사방향은 90˚, 서쪽으로의 경사방향은 270˚가 됨

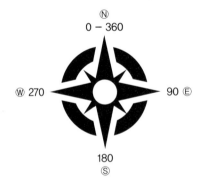

㉢ 분석을 위해 필요한 항목

입력되는 DEM 래스터 레이어

❸ 음영기복도(Hillshade)

  ㉠ 정의

    태양의 위치에 따른 DEM 레이어의 음영

  ㉡ 분석을 위해 필요한 항목

    • 입력되는 DEM 래스터 레이어

    • 태양의 수평각도(방위각, Azimuth)와 수직각도(태양고도각, Vertical Angle)의 변경

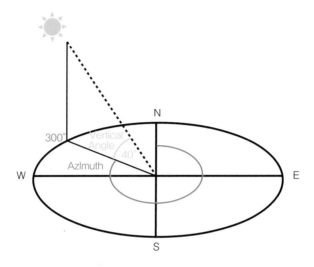

▲ 태양의 수평각도와 수직각도

01 경사 45°의 값을 백분율(%)을 사용하여 표시하시오.

해설

경사도(%) = (높이 / 밑변) × 100 = (1 / 1) × 100 = 100(%)

정답 100%

02 도(°)와 백분율(%)을 사용하여 표시한 경사도 값을 큰 것부터 나열하시오.

경사도 : 45°, 56.31°, 75%, 200%

해설

200%(63.43°), 56.31°(150%), 45°(100%), 75%(36.87°)

정답 200%, 56.31°, 45°, 75%

03 동, 서, 남, 북 방향으로의 경사방향을 도(°) 단위로 표현하시오.

북(0°)으로부터 시작해서 시계방향으로 값이 증가하며, 0°에서 360°까지의 값을 갖는다.

정답 북(0°), 동(90°), 남(180°), 서(270°)

04 태양의 방위각과 고도각을 이용하여 지표면의 표고에 따른 지형의 그림자 효과를 얻어냄으로써 지형의 기복 양상을 추정해 볼 수 있도록 하는 것은?

해설
음영기복도는 지형의 표고에 따른 변화를 시각적으로 표현한 것으로, 2차원 평면을 3차원 지형처럼 보이도록 한 것이다.

정답 음영기복도

4.4.4 DEM, TIN과 같은 지형자료를 이용하여 3차원 조감도(Perspective View)를 제작할 수 있다.

기출유형 34

3차원 조감도를 통하여 가시화할 때 카메라의 설정 방법으로, 실생활에서 우리가 보는 것과 같은 원근감을 사용하는 투영법은?

해설

투영 유형은 투시 투영과 직교 투영으로 구분된다. 투시 투영은 평행선들이 먼 거리에서 만나는 것처럼 보이는 투영법이다. 직교 투영은 선들이 평행하게 보이는 투영법이다.

정답 투시 투영(Perspective Projection, 원근 투영)

족집게 **과외**

❶ 3차원 가시화

　㉠ 정의

　　사용자 정의 지점으로부터 지형 데이터(DEM 또는 TIN)를 대상으로 하는 3차원 모델 작성과 시각화

❷ 3차원 가시화를 위한 환경 설정

　㉠ 일반사항

　　• 공간범위 선택

　　• 3차원 가시화를 위한 대상 영역의 범위 지정

　　• 지형 및 공간객체들을 정의된 해당 범위에 맞게 추출한 다음 가시화 적용

　㉡ 지형

　　카메라의 위치와 거리에 따라 표현되는 세밀도를 다르게 적용

　㉢ 지형의 유형

　　• 평면지형

　　• DEM

　　• 표고 타일

　　• 메시 데이터

　㉣ 표고

　　• 래스터 레이어

　　　표고 정보를 담고 있는 밴드

　　• 벡터 레이어

　　　꼭짓점의 Z값 사용

ⓜ 수직 과장(Vertical Exaggeration, Z 비율)
- 지형의 높이 변화를 시각적으로 과장되도록 표현하는 인자
- 수직축척(Vertical Scale)이 수평축척(Horizontal Scale)보다 더 크게 되므로 실제의 지형보다 더 과장되게 보이는 효과
ⓑ 타일 해상도
- 각 타일에 적용된 래스터 데이터의 해상도
- 해상도가 높을수록 상세한 지형을 표현
ⓢ 수직 장벽의 높이(Skirt Height)
  시각화 과정에서 발생하는 타일 간의 틈을 숨기기 위한 높이
ⓞ 지형의 색상 결정
- 셰이딩(Shading) 비활성화
  기본적으로 설정된 색상에 의해 지형을 표현
- 셰이딩 활성화
  지표면의 재질에 따른 주변광(Ambient) 및 반사광(Specular) 등과 광택(Shininess) 등을 계산해서 지형 색상을 표현
ⓩ 조명
- 점조명(Point Light)
  - 발광 지점으로부터 모든 방향으로 발산되는 조명
  - 점조명의 개수 및 각 점조명의 좌표, 색상, 광도 및 감쇠율을 설정
- 지향조명(Directional Light)
  - 특정 방향으로 빛을 집중시키는 조명
  - 단일 방향으로 평행한 광선을 발하지만 감쇠는 일어나지 않는 조명
  - 지향조명의 방향[방위각(Azimuth)으로 표현], 고도, 색상 및 광도를 설정
ⓩ 음영
- 지향조명의 방향
  음영을 표현하기 위한 객체까지의 최대 거리 설정
- 음영 편향(Shadow Bias)
  - 그림자가 객체에 정확하게 드리워지지 않고 왜곡되거나 부자연스럽게 나타나는 현상을 보정
  - 물체가 스스로의 표면에 그림자를 드리우는 자체음영(Self-shadow) 효과에 의한 영향을 조정
- 쉐도우맵(Shadow Map) 해상도
  - 해상도가 높을수록 그림자를 더 세밀하고 부드럽게 표현
  - 해상도가 낮으면 그림자 경계가 거칠고 계단 현상이 발생할 수 있음
ⓚ 카메라 설정
- 투영 유형
  - 투시 투영(Perspective Projection, 원근 투영)
    ⓐ 실생활에서 우리가 보는 것과 같은 원근감을 표현하는 투영
    ⓑ 평행선들이 먼 곳에서 만나는 것처럼 보이는 투영
  - 직교 투영(Orthogonal Projection)
    평행선들이 평행하게 보이는 투영

- 카메라 시야각(Field of View)

  투시 투영의 경우에 적용되는 것으로, 카메라를 통해 보이는 시야각
- 내비게이션 모드(Navigation Mode)
  - 지형 기반 모드(Terrain Based Mode)

    카메라가 지표면 위의 주어진 지점을 추적하며 진행
  - 보행 모드(Walk Mode)

    카메라가 1인칭 시점에 따라 진행

ⓔ 스카이박스 렌더링(Skybox Rendering)
- 정의 및 특징
  - 하늘이나 먼 배경을 표현하기 위해 사용되는 기법
  - 일반적으로 큐브 형태이며, 각 면에 하늘이나 배경 이미지를 렌더링하여 3D 환경의 배경을 자연스럽게 표현
- 표현 방법
  - 파노라믹 텍스처(Panoramic Texture)

    하늘을 단일 파일로 360°의 범위를 표현
  - 개별 면(Distinct Faces)

    육면체의 각 면을 각각의 텍스처 파일로 표현

ⓕ 기타 설정
- 아이돔 조명(Eye Dome Lighting, EDL)
  - 정의 및 특징
    - ⓐ 심도 인식(Depth Perception)을 향상시켜주는 후처리 효과
    - ⓑ 화면 전체에 걸쳐 경계를 강조하는 효과
    - ⓒ 각 픽셀의 심도, 즉 카메라로부터의 거리를 이웃 픽셀들의 심도와 비교한 뒤 심도의 차이에 따라 강조
  - 인자
    - ⓐ 조명 강도(Lighting Strength)

      심도를 보다 더 인식할 수 있도록 대조(Contrast) 증가
    - ⓑ 조명 거리(Lighting Distance)

      해당 픽셀이 중심 픽셀로부터 얼마나 벗어났는지의 거리를 나타내어 경계를 더 진하게 보이도록 강조
- 화면 공간 앰비언트 오클루전(Screen Space Ambient Occlusion, SSAO)
  - 정의 및 특징
    - ⓐ 주변광 조명에 보다 덜 노출된 영역에 더 어두운 음영을 적용해서 심도 인식을 향상시키는 후처리 효과
    - ⓑ 화면 전체에 영향을 끼치며, 아이돔 조명과 함께 사용
  - 인자
    - ⓐ 반경(Radius)

      주변광 조명을 얼마나 멀리까지 계산할지 지정
    - ⓑ 강도(Intensity)

      주변광 조명 효과를 얼마나 강하게 적용할지 지정
    - ⓒ 오클루전 임계값(Occlusion Threshold)

      효과를 나타내기 위해 주변 포인트들을 얼마나 어둡게 해야 할지 지정

01 지형도를 이용한 3차원 조감도 제작 시 특정 방향으로 빛을 집중시키는 조명은?

해설
지향조명은 단일 방향으로 평행한 광선을 발하지만 감쇠는 일어나지 않으며, 설정 인자로는 지향조명의 방향(방위각), 고도, 색상 및 광도 등을 사용한다.

정답 지향조명(Directional Light)

02 지형도를 이용한 3차원 조감도 제작 시 하늘이나 먼 배경을 표현하기 위해 사용되는 것으로, 일반적으로 큐브 형태이며 각 면에 하늘이나 배경 이미지를 렌더링하여 3D 환경의 배경을 자연스럽게 표현하는 것은?

해설
스카이박스 렌더링은 하늘을 단일 파일로 360°의 범위를 표현하는 파노라믹 텍스처(Panoramic Texture)와 육면체의 각 면을 각각의 텍스처 파일로 표현하는 개별 면(Distinct Faces) 방식 등을 선택하여 표현할 수 있다.

정답 스카이박스 렌더링(Skybox Rendering)

03 지형도를 이용한 3차원 조감도 제작 시 지형의 높이 변화를 시각적으로 과장되도록 표현하는 인자는?

해설
3차원 조감도 제작 시에는 수직축척(Vertical Scale)이 수평축척(Horizontal Scale)보다 더 크게 되므로 실제의 지형보다 더 과장되게 보이는 효과가 발생한다.

정답   수직 과장(Vertical Exaggeration, Z 비율)

04 지형도를 이용한 3차원 조감도 제작 시 화면 전체에 걸쳐 경계를 강조하는 효과를 주는 것으로, 심도 인식(Depth Perception)을 향상시켜주는 후처리 기법은?

해설
조명 강도(Lighting Strength)와 조명 거리(Lighting Distance)를 사용하여 화면 전체에 걸쳐 경계를 강조하는 효과를 주는 기법이다.

정답   아이돔 조명(Eye Dome Lighting, EDL)

4.4.5 DEM 및 TIN과 같은 3차원 자료를 이용하여 등고선을 만들 수 있다.

기출유형 35

다음 문장에서 괄호 안에 들어갈 내용은?

TIN에 근거한 지형자료의 보간은 최소한의 표고점을 이용해 능선이나 곡선과 같은 (   )을/를 반영할 수 있다는 점에서 효율적이다.

해설
TIN은 페이스(Face), 노드(Node), 에지(Edge) 등의 정보를 지니고 있어 지형 구조의 특성을 잘 반영하고 있다.

정답   지형 구조의 특성

족집게 과외

❶ 수치지형도로부터 DEM까지의 제작 과정

㉠ 표고점 추출
- TIN 생성을 위한 선행단계
- 수치지형도에서 표고점을 추출하는 단계
- 표고점의 파일포맷 : XYZ 정보를 보유한 ASCII 파일

㉡ TIN 생성
- DEM을 제작하기 위한 선행단계
- 추출된 표고점을 이용하여 TIN을 생성하는 단계
- 보로노이 다각형, 델로니 삼각망 등의 알고리즘 적용
- 생성된 TIN은 페이스(Face), 노드(Node), 에지(Edge) 등의 정보를 지님

㉢ DEM 생성
- TIN을 이용한 보간법을 적용하여 DEM을 제작하는 단계
- TIN에 근거한 지형자료의 보간은 최소한의 표고점을 이용해 능선이나 곡선과 같은 지형 구조의 특성을 반영할 수 있다는 점에서 효율적임

❷ DEM으로부터 등고선도 제작

㉠ DEM 래스터 데이터 선택 후 DEM 데이터 가져오기
㉡ 등고선 생성
- 출력 폴리라인 파일의 지정(.shp 파일)
- 간격(높이 차이)을 설정(단위는 미터)
- 필요한 선택사항 추가 지정

ⓒ 등고선 스타일링

스타일 지정을 통한 등고선의 색상, 굵기 등을 조정

• 계곡선, 주곡선, 간곡선, 조곡선 등의 속성과 높이 부여

• 높이에 따라 색상을 다르게 정의

ⓓ 등고선도 완성

지도로서 기본적으로 필요한 항목인 축척, 방향, 높이 등에 관한 정보 추가

❸ 등고선 단순화

ⓐ 더글라스-포이커(Douglas-peuker) 알고리즘

• 등고선 선분의 중간점 가운데 일부를 제거해서 등고선을 단순화

• 대축척의 등고선이 상세하게 묘사되어 있어 세밀한 정보가 필요 없는 소축척 등고선으로 변환 시 적용

ⓑ 체이킨(Chaikin) 또는 에르미트 스플라인(Hermite Spline) 알고리즘

• 생성된 등고선이 날카로운 각도로 이루어진 것을 부드러운 각도가 되도록 변환

• 더욱더 많은 꼭짓점을 추가하게 될 수도 있음

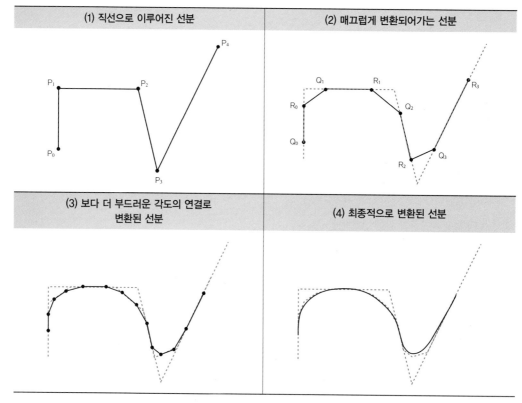

▲ 체이킨(Chaikin) 알고리즘에 의한 등고선의 단순화

출처 : https://www.cs.unc.edu/~dm/UNC/COMP258/LECTURES/Chaikins-Algorithm.pdf

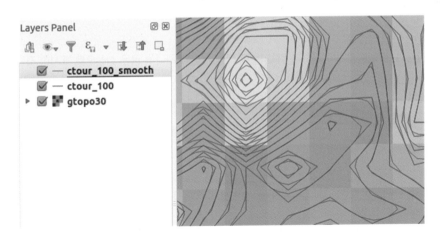

▲ 체이킨(Chaikin) 알고리즘에 의한 등고선 단순화(청색 : 단순화 이전, 적색 : 단순화 이후)의 비교

출처 : QGIS 데스크탑 사용자 지침서(QGIS 3.34),

https://docs.qgis.org/3.34/ko/docs/user_manual/grass_integration/grass_integration.html · creating-contour-es

01 지형의 상태와 판독을 쉽게 이해하기 위하여 주곡선 5개마다 하나씩 굵은 실선으로 표시한 것은?

등고선이 주곡선뿐이라면 동일한 선이 반복되어 높이를 산정하기 어렵다. 이를 위해 등고선 스타일 지정 시 높이를 계산하기 용이하도록 계곡선을 사용한다.

정답 계곡선(Index Contour)

02 대축척의 등고선이 상세하게 묘사되어 있어 세밀한 정보가 필요 없는 소축척 등고선으로 변환 시 적용하는 알고리즘은?

해설
축척에 따른 일반화 또는 단순화 과정에 적용되는 대표적인 알고리즘이다.

정답 더글라스-포이커(Douglas-peuker) 알고리즘

03 DEM으로부터 등고선도를 제작할 때 생성된 등고선이 날카로운 각도로 이루어진 것을 부드러운 각도가 되도록 변환해주는 알고리즘은?

해설
체이킨(Chaikin) 알고리즘 적용 시 오히려 더 많은 꼭짓점을 추가하게 될 수도 있음에 주의해야 한다.

정답 체이킨(Chaikin) 알고리즘

PART 05
공간정보 기초 프로그래밍

공간정보융합기능사 실기

01 프로그래밍 준비하기

| 출제 기준 |

5.1.1 공간정보 기초 프로그램 코드 작성을 위한 개발 환경을 구축할 수 있다.

기출유형 36

웹 애플리케이션 개발을 위한 환경 구축에 관련한 다음의 설명에서 괄호에 들어갈 가장 적합한 용어를 쓰시오.

> (   )은/는 웹 서버의 요청에 따라 가공된 데이터를 제공하는 역할을 수행하고, 가공된 데이터를 제공하는 동적 서비스뿐만 아니라 웹 서버와 DB서버 사이에서 인터페이스의 역할도 수행한다.

해설
WAS(Web Application Server)는 사용자의 요청자료(동적인 데이터 : 연산, 테이블 검색, 삽입, 삭제 등)의 결과값을 빠르게 안정적으로 처리하여 제공한다.

정답 WAS(Web Application Server)

족집게 과외

❶ 개발 환경 구축

  ㉠ 개발 환경 구축의 개요
- 개발 환경 구축은 응용 소프트웨어 개발을 위해 개발 프로젝트를 이해하고 소프트웨어 및 하드웨어 장비를 구축하는 것
- 개발 환경은 응용 소프트웨어가 운영될 환경과 유사한 구조로 구축
- 개발 프로젝트의 분석 단계의 산출물을 바탕으로 개발에 필요한 하드웨어와 소프트웨어를 선정
- 하드웨어와 소프트웨어의 성능, 편의성, 라이선스 등의 비즈니스 환경에 적합한 제품들을 최종적으로 결정하여 구축

  ㉡ 하드웨어 환경
- 하드웨어 환경은 사용자와의 인터페이스 역할을 하는 클라이언트(Client), 클라이언트와 통신하여 서비스를 제공하는 서버(Server)로 구성
- 클라이언트에는 PC, 스마트폰 등이 있음
- 서버는 웹 서버(Web Server), 웹 애플리케이션 서버(WAS : Web Application Server), 데이터베이스 서버(DB Server), 파일 서버(File Server) 등으로 나뉨

구분	주요 내용
웹 서버 (Web Server)	클라이언트로부터 직접 요청을 받아 처리하는 서버로, 저용량의 정적 파일들을 제공
웹 애플리케이션 서버 (WAS : Web Application Sever)	• 사용자에게 동적 서비스를 제공하기 위해 웹 서버로부터 요청을 받아 데이터 가공 작업을 수행 • 웹 서버와 데이터베이스 서버 또는 웹 서버와 파일 서버 사이에서 인터페이스 역할 을 수행하는 서버
데이터베이스 서버 (DB Server)	데이터베이스와 이를 관리하는 DBMS를 운영하는 서버
파일 서버 (File Server)	데이터베이스에 저장하기에는 비효율적이거나, 서비스 제공을 목적으로 유지하는 파 일들을 저장하는 서버

[웹 서버(Web Server)의 기능]

구분	주요 내용
HTTP/HTTPS 지원	브라우저로부터 요청을 받아 응답할 때 사용되는 프로토콜
통신 기록 (Communication Log)	처리한 요청들을 로그 파일로 기록하는 기능
정적 파일 관리 (Managing Static Files)	HTML, CSS, 이미지 등의 정적 파일들을 저장하고 관리하는 기능
대역폭 제한 (Bandwidth Throttling)	네트워크 트래픽의 포화를 방지하기 위해 응답 속도를 제한하는 기능
가상 호스팅 (Virtual Hosting)	하나의 서버로 여러 개의 도메인 이름을 연결하는 기능
인증 (Authentication)	사용자가 합법적인 사용자인지를 확인하는 기능

ⓒ 동적 서비스(Dynamic Service)

사용자의 입력에 따라 다른 결과를 보여주는 서비스

예 상품들을 판매순으로 정렬하는 것은 미리 만들어진 페이지가 아니라 동적으로 페이지를 구성한 후 표시하는
화면

ⓔ 소프트웨어 환경

소프트웨어 환경은 클라이언트와 서버 운영을 위한 시스템 소프트웨어와 개발에 사용되는 개발 소프트웨어로 구성

• 시스템 소프트웨어에는 운영체제(OS), 웹 서버 및 WAS 운용을 위한 서버 프로그램, DBMS 등이 있음

구분	주요 내용
운영체제 (OS : Operation System)	• 시스템 하드웨어를 관리하고 응용 소프트웨어를 실행하기 위해 하드웨어 플랫폼과 공동 시스템 서 비스를 제공 • 일반적으로 상세 소프트웨어 명세를 하드웨어를 제공하는 벤더(Vendor)에서 제공 예 Windows, Linux, UNIX(HPUS, Solaris, AIX) 등
JVM (Java Virtual Machine)	• Java 관련 응용 프로그램을 기동하기 위한 주체 • 인터프리터 환경으로 적용 버전을 개발 표준에서 명시하여 모든 개발자가 동일한 버전을 적용하는 것이 좋음
웹 서버 (Web Server)	정적 웹 서비스를 수행하는 미들웨어로서, 웹 브라우저 화면에서 요청하는 정적 파일을 제공 예 Apache, Nginx, IIS(Internet Information Server), GWS(Google Web Server) 등

WAS (Web Application Server)	웹 애플리케이션을 수행하는 미들웨어로서, 웹 서버와 JSP/Servlet 애플리케이션 수행을 위한 엔진으로 구성 📋 Tomcat, Undertow, JEUS, Weblogic, Websphere 등
DBMS	데이터 저장과 관리를 위한 데이터베이스 소프트웨어 📋 Oracle, DB2, Sybase, SQL Server, MySQL, MS-SQL 등

• 개발 소프트웨어에는 요구사항 관리 도구, 설계 · 모델링 도구, 구현 도구, 빌드 도구, 테스트 도구, 형상 관리 도구 등이 있음

구분	주요 내용
요구사항 관리 도구	목표 시스템의 기능과 제약 조건 등 고객 요구사항을 수집, 분석, 추적을 쉽게 할 수 있게 지원 📋 JFeature, JRequisite, OSRMT, Trello 등
설계 · 모델링 도구	기능을 논리적으로 결정하기 위해 통합 모델링 언어(UML)지원, 데이터베이스 설계 지원 및 모델링을 지원하는 도구 📋 ArgoUML, DB Designer, StarUML 등
구현 도구	문제 해결 방법을 소프트웨어 언어를 통해 구현 및 개발을 지원하는 도구 📋 Eclipse, IntelliJ, Visual Studio 등
빌드 도구	구현 도구를 통해 작성된 소스의 빌드 및 배포, 라이브러리 관리를 지원하는 소프트웨어
테스트 도구	구현 및 개발된 모듈들에 대하여 요구사항에 적합하게 구현되어 있는지 테스트를 지원하는 도구 📋 JUnit, CppUnit, JMeter, SpringTest 등
형상 관리 도구	산출물의 변경 사항을 버전 별로 관리하여 목표 시스템의 품질 향상을 지원하는 도구 📋 Git, SVN 등

ⓛ 개발 환경 구성 순서

구분	주요 내용
프로젝트 요구사항 분석	시스템 요구사항을 분석하여 목표 시스템을 구현하는 데 적합한 개발 도구나 개발 언어 파악
개발 환경 구성에 필요한 필요 도구 설계	요구사항에 적절한 구현 도구, 빌드 도구, 테스트 도구, 형상 관리 도구 등을 조합하여 최적 개발 환경 설계
개발 대상에 따른 적정한 개발 언어 설정	• 개발 대상 업무 성격에 적합한 특성을 확인하고 적합한 언어 선정 • 선정 기준(적정성, 효율성, 이식성, 친밀성, 범용성)
구현 도구 구축	개발 언어와 하드웨어를 고려한 구현 도구 구축
빌드와 테스트 도구 구축	• 프로젝트팀 개발자의 친밀도와 숙련도를 고려하여 빌드 도구와 테스트 도구 결정 • 특히 통합 개발 환경과 호환이 용이한 도구를 선정하는 것이 좋음

01 다음의 설명에 가장 부합하는 서버의 명칭을 쓰시오.

> - 클라이언트로부터 직접 요청을 받아 처리하는 서버로, 저용량의 정적 파일들을 제공한다.
> - HTTP 및 HTTPS 기능을 지원하며, 처리한 요청들을 기록한다.
> - HTML, CSS, 이미지 등의 정적 파일들을 저장하고 관리하며, 네트워크 트래픽의 포화를 방지하기 위해 응답 속도를 제한할 수 있다.
> - 하나의 서버로 여러 개의 도메인 이름을 연결하는 기능을 갖고 있으며, 사용자를 인증하는 역할을 수행한다.

해설
웹 서버(Web Server)는 HTML, CSS, js, jpg 등 정적인 데이터를 처리하는 서버이다.

정답 웹 서버(Web Server)

02 Git, Subversion 등 산출물들을 버전별로 관리하여 품질 향상을 지원하는 도구가 무엇인지 쓰시오.

해설
형상 관리 도구는 버전 관리 도구라고도 하며, 산출물들의 변경사항을 파악하고 제어 및 관리함으로써 개발 과정에서 발생할 수 있는 문제점들을 최소화할 수 있도록 지원하는 역할을 수행한다.

정답 형상 관리 도구(버전 관리 도구)

03 구현 도구를 통해 작성된 소스의 빌드 및 배포, 라이브러리 관리를 지원하는 소프트웨어가 무엇인지 쓰시오.

해설
소스코드에서 어플리케이션 생성을 자동화하기 위한 프로그램이다. 빌드는 코드를 사용 또는 실행 가능한 형태로 컴파일링, 링킹, 패키징 하는 것을 포함한다.

정답 빌드 도구

5.1.2 기본적인 데이터 입력 및 출력을 할 수 있다.

기출유형 37

다음 JAVA언어 프로그램을 실행한 결과 출력값을 쓰시오.

```java
class Main {
    public static void main(String[] args) {
        char a = 48;
        System.out.printf("%c", a);
    }
}
```

해설

다음 10진수에 해당하는 대표적인 아스키코드는 아래와 같다.
48 = 숫자 0, 65 = 대문자 A, 97 = 소문자 a, 13 = CR(Carriage Return)

정답 0

족집게 과외

❶ 데이터 입력 및 출력

㉠ 입·출력 함수의 개요
- 사용자가 프로그램과 대화하기 위해 사용하는 함수를 입·출력 함수 또는 I/O 함수라고 함
- printf( ) 함수와 scanf( ) 함수는 C언어 표준 입·출력 함수 중에서도 가장 많이 사용되는 대표적인 입·출력 함수

㉡ scanf( ) 함수 : 키보드로 입력받아 변수에 저장하는 함수
- 특징
  - 입력받을 데이터의 자료형, 자릿수 등을 지정할 수 있음
  - 한 번에 여러 개의 데이터를 입력받을 수 있음
  - 서식 문자열과 변수의 자료형은 일치해야 함
- 형식

형식	예제
scanf(서식 문자열, 변수의 주소) • 서식 문자열 : 입력받을 데이터의 자료형을 저장 • 변수의 주소 : 데이터를 입력받을 변수	scanf("%3d", &a) • % : 서식 문자임을 지정 • 3 : 입력 자리수를 3자리로 지정 • d : 10진수로 입력 • &a : 입력받은 데이터를 변수 a의 저장

- 서식 문자열

구분		주요 내용
%d	decimal 10진수	정수형 10진수를 입 · 출력하기 위해 지정
%c	character 문자	문자를 입 · 출력하기 위해 지정
%f	float 실수	소수점을 포함하는 실수를 입 · 출력하기 위해 지정
%s	string, 문자열	문자열을 입 · 출력하기 위해 지정

ⓒ printf( )함수

- 형식

형식	예제
printf(서식 문자열, 변수)	printf('%-8.2f',200.2) • % : 서식 문자임을 지정 • - : 왼쪽부터 출력 • 8 : 출력 자릿수를 8자리로 지정 • 2 : 소수점 이하를 2자리로 지정 • f : 실수로 지정

- 서식 문자열

구분	내용	구분	내용
\f	폼 피드(Form Feed)	\b	백스페이스(Backspace)
\n	개행(New Line)	\\	백슬래시
\r	• 캐리지 리턴 • 줄의 맨 처음으로 이동	\'	작은 따옴표
\t	수평탭(Tab)만큼 이동	\"	큰따옴표

출력형식	주요 내용
%b	boolean 형식으로 출력
%d	정수 형식으로 출력
%o	8진수 정수의 형식으로 출력
%x 또는 %X	16진수 정수의 형식으로 출력
%f	소수점 형식으로 출력
%c	문자형식으로 출력
%s	문자열 형식으로 출력
%n	줄바꿈 기능
%e 또는 %E	지수 표현식의 형식으로 출력

② 기타 표준 입·출력 함수

구분		주요 내용
입력	getchar( )	키보드로 한 문자를 입력받아 변수에 저장하는 함수
	gets( )	• 키보드로 문자열을 입력받아 변수에 저장하는 함수 • 엔터키를 누르기 전까지 하나의 문자열로 인식하여 저장
출력	putchar( )	인수로 주어진 한 문자를 화면에 출력하는 함수
	puts( )	인수로 주어진 문자열을 화면에 출력한 후 커서를 자동으로 다음 줄 앞으로 이동하는 함수

⑩ 파일 입·출력 함수

• 파일 입력 함수

구분	주요 내용
fgetc 함수 (File Get Char)	• 호출방법 : fgetc(파일포인터) • 현재 파일포인터의 위치에서 문자 하나를 읽음 • int형으로 읽어온 문자를 반환 • 다른 함수들처럼 매개변수로 읽어온 내용을 저장할 변수로 받지 않으므로, 읽어온 문자를 저장하려면 대입연산자를 사용해 변수에 대입해야 함
fgets 함수 (File Get String)	• 호출방법 : fgets(읽어온 내용을 저장할 문자배열, 파일포인터) • 현재 파일포인터의 위치에서 개행문자를 만날 때까지 읽음
fscanf 함수	• 호출방법 : fscanf(파일포인터, 서식 문자열, 저장할 변수의 주소…) • 현재 파일포인터의 위치부터 정보를 읽어오며 스페이스 바(공백)나 개행문자를 만나면 그 앞에까지만 읽음 • scanf 함수와 마찬가지로 읽어온 내용을 저장할 변수를 넘겨줄 때에는 주소로 넘겨줘야 하므로 배열이 아닐 경우 주소연산자 &을 붙여야 함

• 파일 출력 함수

구분	주요 내용
fputc 함수 (File Put Char)	• 호출방법 : fputc(출력할 문자, 파일포인터) • 현재 파일포인터의 위치에 문자를 하나 출력함 • 출력한 문자가 무엇인지 아스키코드에 대응되는 int형으로 반환됨
fputs 함수 (File Put String)	• 호출방법 : fputs(출력할 문자열, 파일포인터); • 현재 파일포인터의 위치에 문자열을 출력 • 문자열 내에 개행이나 탭과 같은 이스케이프 시퀀스 적용
fprintf 함수	• 호출방법 : fprintf(파일포인터, 출력할 문자열…); • 현재 파일포인터의 위치에 서식 문자를 사용해 문자열을 출력 • 이스케이프 시퀀스는 물론 서식 문자도 사용할 수 있음 • 출력한 문자열의 길이를 반환함

⑪ 가비지 컬렉터(Garbage Collector)

• 변수를 선언만 하고 사용하지 않으면 이 변수들이 점유한 메모리 공간은 다른 프로그램들이 사용할 수 없게 됨
• 이렇게 선언만 하고 사용하지 않는 변수들이 점유한 메모리 공간을 강제로 해제하여 다른 프로그램들이 사용할 수 있도록 하는 것을 가비지 컬렉션(Garbage Collection)이라고 함
• 이 기능을 수행하는 모듈을 가비지 컬렉터(Garbage Collector)라고 함

01 다음 JAVA언어 프로그램을 실행한 결과 출력되는 값은?

```
public class Test {
        public static void main(String[] args) {
                int i = 10;
                i += 2;
                i *= 3;
                i %= 5;
                System.out.println(i);
        }
}
```

해설
정수형 변수 i를 선언하고 10으로 초기화한다. 변수 i에 2를 더한 후(i = 12), 변수 i에 3를 곱한 후(i = 36), 최종적으로 변수 i에 5를 나눈 나머지(i = 1) 값을 출력한다.

정답 1

02 다음 C언어 프로그램을 실행한 결과 출력되는 값은?

```
#include <stdio.h>
void main (void)
{
  int a;
  a= 7;
  printf("%d", a+a);}
```

해설 변수 a에 7을 저장한 후 a + a를 실행해 정수형 10진수로 출력하면 14가 출력된다.

정답 14

03 다음 설명에서 괄호에 들어갈 알맞은 용어를 쓰시오.

> JAVA에서 변수, 배열, 객체 등이 선언되어 메모리를 점유하게 되었으나 참조값을 잃거나 점유가 해제되지 않은 채 없어지는 경우 점유한 메모리 공간은 다른 프로그램들이 사용할 수 없게 된다. 이때 더 이상 사용되지 않는 메모리 공간을 강제로 해제하여 다시 사용할 수 있도록 하는 것을 (   ) 컬렉션이라고 한다.

해설

가비지 컬렉션(Garbage Collection)은 선언 후 사용하지 않은 변수가 메모리 공간을 점유하는 경우 이를 강제 해제하여 다른 프로그램에서 사용 가능하게 하는 것이다.

정답 가비지

5.1.3 프로그램 라이브러리를 활용하여 기본 코드를 작성할 수 있다.

기출유형 38

다음 보기에서 설명하는 용어는 무엇인지 쓰시오.

- 자주 사용하는 함수들의 반복적인 코드 작성을 피하기 위해 미리 만들어 놓은 것으로, 필요할 때는 언제든지 호출하여 사용할 수 있다.
- 미리 컴파일되어 있어 컴파일 시간을 단축할 수 있다.

해설
라이브러리는 모듈과 패키지 모두를 의미하며, 모듈 하나의 기능이 한 개의 파일로 구현된 형태를 말하고, 패키지는 하나의 패키지 폴더 안에 여러 개의 모듈을 모아 놓은 형태이다.

정답 라이브러리

족집게 **과외**

❶ 라이브러리

㉠ 라이브러리의 개념
- 라이브러리는 프로그램을 효율적으로 개발할 수 있도록 자주 사용하는 함수나 데이터들을 미리 만들어 모아 놓은 집합체
- 프로그래밍 언어에 따라 일반적으로 도움말, 설치 파일, 샘플 코드 등을 제공함
- 자주 사용하는 함수들의 반복적인 코드 작성을 피하기 위해 미리 만들어 놓은 것으로, 필요할 때는 언제든지 호출하여 사용할 수 있음
- 라이브러리는 모듈과 패키지 모두를 의미함
  - 모듈 : 하나의 기능이 한 개의 파일로 구현된 형태
  - 패키지 : 하나의 패키지 폴더 안에 여러 개의 모듈을 모아 놓은 형태
- 라이브러리에는 표준 라이브러리와 외부 라이브러리가 있음

구분	주요 내용
표준 라이브러리	• 프로그래밍 언어에 기본적으로 포함되어 있는 라이브러리 • 여러 종류의 모듈이나 패키지 형태
외부 라이브러리	• 개발자들이 필요한 기능들을 만들어 인터넷 등에 공유해 놓은 라이브러리 • 외부 라이브러리를 다운받아 설치한 후 사용

ⓒ 표준 라이브러리

- C언어는 라이브러리를 헤더 파일로 제공하는데, 각 헤더 파일에는 응용 프로그램 개발에 필요한 함수들이 정리되어 있음
- C언어에서 헤더 파일을 사용하려면 '#include 〈stdio.h〉'와 같이 include 문을 이용해 선언한 후 사용해야 함

구분	주요 내용
stdio.h	• 데이터의 입·출력에 사용되는 기능들을 제공 • 주요 함수 : printf, scanf, fprintf, fscanf, fclose, fopen 등
math.h	• 수학 함수들을 제공 • 주요 함수 : sqrt, pow, abs 등
string.h	• 문자열 처리에 사용되는 기능들을 제공 • 주요 함수 : strlen, strcpy, strcmp 등
stdlib.h	• 자료형 변환, 난수 발생, 메모리 할당에 사용되는 기능들을 제공 • 주요 함수 : atoi, atof, srand, rand, malloc, free 등
time.h	• 시간 처리에 사용되는 기능들을 제공 • 주요 함수 : time, clock 등

- JAVA는 라이브러리를 패키지에 포함하여 제공하는데, 각 패키지에는 JAVA 응용 프로그램 개발에 필요한 메서드들이 클래스로 정리되어 있음
- JAVA에서 패키지를 사용하려면 'import java.util'과 같이 import 문을 이용해 선언한 후 사용해야 함
- import로 선언된 패키지 안에 있는 클래스의 메서드를 사용할 때는 클래스와 메서드를 마침표(.)로 구분하여 'Math.abs( )'와 같이 사용함

구분	주요 내용
java.lang	• 자바에 기본적으로 필요한 인터페이스, 자료형, 예외 처리 등의 기능 제공 • import 문 없이도 사용할 수 있음 • 주요 클래스 : String, System, Process, Runtime, Math, Error 등
java.util	• 날짜 처리, 난수 발생, 복잡한 문자열 처리 등에 관련된 기능 제공 • 주요 클래스 : Date, Calender, Random, StringTokenizer 등
java.io	• 파일 입·출력과 관련된 기능 및 프로토콜 제공 • 주요 클래스 : InputStream, OutputStream, Reader, Writer 등
java.net	• 네트워크와 관련된 기능 제공 • 주요 클래스 : Socket, URL, InetAddress 등
java.awt	• 사용자 인터페이스(UI)와 관련된 기능 제공 • 주요 클래스 : Frame, Panel, Dialog, Button, Checkbox 등

01 다음 보기에서 C언어로 구현된 프로그램을 분석하여 괄호에 들어갈 가장 적합한 헤더 파일을 쓰시오.

```
#include <        >

void main(){
    int a, b, sum;
    scanf("%d %d", &a, &b);
    sum = a+ b;
    printf("%d", sum);
}
```

해설
stdio.h 파일은 데이터의 입·출력에 사용되는 기능 등을 제공하는 라이브러리로 printf, scanf, fprintf, fscanf, fclose, fopen 등 주요 함수를 지원한다.

정답 stdio.h

02 자료형 변환, 난수 발생, 메모리 할당에 사용되는 기능들을 제공하는 C언어 라이브러리를 쓰시오.

해설
stdlib.h 파일은 자료형 변환, 난수 발생, 메모리 할당에 사용되는 기능들을 제공하는 라이브러리이며, 주요 함수에는 atoi, atof, srand, rand, malloc, free 등이 있다.

정답 stdlib.h

| 출제 기준 |

5.2.1 작성된 프로그램의 정상작동 유무를 확인하기 위해 디버깅을 수행할 수 있다.

기출유형 39

오류가 발생한 코드를 추적하여 수정하는 작업은 무엇인지 쓰시오.

해설
오류가 발생한 코드를 추적하여 수정하는 작업을 디버깅(Debugging)이라고 한다.

정답 디버깅(Debugging)

족집게 과외

❶ 프로그램 디버깅

ㄱ 버그(Bug)는 벌레를 뜻하며, 디버그(Debug)는 원래 '해충을 잡다'라는 의미

ㄴ 프로그램의 오류를 벌레에 비유하여 오류를 찾아 수정하는 일이라는 의미로 쓰임

ㄷ 프로그램 개발공정의 마지막 단계에서 이루어짐

ㄹ 주로 디버그가 오류 수정 프로그램과 그 작업을 통칭함

ㅁ 디버깅(Debugging)은 작업에 중점을 둔 표현이며, 디버거(Debugger)는 오류 수정 소프트웨어를 가리킬 때 사용함

❷ 디버깅 방법

ㄱ 테이블 디버깅

- 프로그래머가 직접 손으로 해보고 눈으로 확인
- 프로그램 리스트에서 오류의 원인을 추적하는 방법

구분	주요 내용
코드리뷰 방식 (Code Review)	원시프로그램을 읽어가며 분석
워크스루 방식 (Walk-through)	오류가 발생한 데이터를 사용하여 원시프로그램 추적

© 컴퓨터 디버깅
- 디버깅 소프트웨어 이용
- 프로그래머가 제공하는 각종 정보와 소프트웨어를 이용하여 디버깅을 할 수 있는 방식으로, 디버거 방식과 디버그행(行) 방식, 그리고 기계어 방식이 있음

구분	주요 내용
디버거 방식	• 프로그램을 시험할 때 디버깅 모드로 컴파일하여 디버거 기능을 포함시켜 사용하면서 오류에 관한 각종 정보를 수집하는 방식 • 원시프로그램을 수정하는 일 없이 정보를 수집할 수 있음 • 디버거에만 의존해야 하므로 정보를 수집할 수 있는 범위가 한정되어 완벽하게 디버깅할 수 없음
디버그행 방식	• 수집하고 싶은 정보를 출력하기 위한 디버깅용 명령을 미리 프로그램 곳곳에 삽입하여 실행시키는 방식 • 프로그램이 각 지점을 정상적으로 통과하는지 확인하는 방법 • 세밀한 정보수집에 유용하나 디버깅을 완료하고 나서 원시프로그램을 수정해야 하는 번거로움이 있음
기계어 방식	• 정보를 수집하고자 하는 장소의 주소와 범위를 기계어 수준으로 지정 • 운영체제의 디버깅 기능을 사용하여 정보를 수집하는 방식 • 운영체제가 서비스하는 프로그램을 그대로 사용할 수 있음 • 정보수집 및 분석에 시간이 걸림

01 다음 괄호 안에 적합한 용어를 쓰시오.

> (   )을/를 통해 오류를 발견한 후 디버깅(Debugging)을 통해 오류를 추적하고 수정하는 작업을 수행한다.

해설

테스트는 오류를 찾는 작업이고 디버깅은 오류를 수정하는 작업이다.

정답 테스트

02 보기의 설명에 해당하는 용어를 쓰시오.

> 코딩, 디버그, 컴파일, 배포 등 프로그램 개발에 관련된 모든 작업을 하나의 프로그램에서 처리하는 환경을 제공하는 소프트웨어로, 기존 소프트웨어 개발에서는 편집기, 컴파일러, 디버거 등의 다양한 도구를 별도로 사용했으나 현재는 하나의 인터페이스로 통합하여 제공한다.

해설

통합 개발 환경은 코딩, 디버그, 컴파일, 배포 등 프로그램 개발에 관련된 모든 작업을 하나의 프로그램에서 처리하는 환경을 제공하는 소프트웨어이다.

정답 통합 개발 환경(IDE)

03 원시프로그램을 읽어가며 분석하는 디버깅 방법이 무엇인지 쓰시오.

( )을/를 통해 오류를 발견한 후 디버깅(Debugging)을 통해 오류를 추적하고 수정하는 작업을 수행한다.

해설
코드리뷰는 개발자가 작성한 코드를 다른 사람들이 검토하고 피드백을 전달하며, 다시 작성자가 반영하는 과정이다.

정답 코드리뷰(Code Review)

5.2.2 디버깅을 통해 오류를 확인할 수 있다.

기출유형 40

다음 설명에 해당하는 용어를 쓰시오.

( )(이)란 프로그램 수행 중에 발생하는 명령들의 정상적 흐름을 방해하는 사건을 말한다.

해설
프로그램의 정상적인 실행을 방해하는 조건이나 상태를 예외(Exception)라고 한다.

정답 예외(Exception)

족집게 과외

❶ 예외 처리(Exception Handling) 개요
   ㉠ 프로그램을 수행하다 보면 여러 가지 오류가 발생할 수 있으며, 이러한 예외 상황 발생 시 프로그램이 잘못된 수
      행을 하지 않도록 예외 상황을 처리할 방법 필요
   ㉡ 예외란 프로그램 수행 중에 발생하는 것으로 명령들의 정상적 흐름을 방해하는 사건
   ㉢ 프로그램 수행 중 예외가 발생할 수 있는 일반적인 예
      • 정수를 0으로 나누는 경우
      • 배열의 인덱스가 배열 길이를 넘는 경우
      • 부적절한 형 변환이 발생하는 경우
      • 입출력 파일이 존재하지 않는 경우
      • Null 값을 참조하는 경우 등
   ㉣ 예외에는 단순한 프로그래밍 에러들에서부터 하드 디스크 충돌과 같은 심각한 하드웨어적 에러까지 존재

❷ 예외 처리 방식
   ㉠ 예외 처리는 시스템 에러로 발생된 오동작 발생으로부터 이를 복구하는 상황에서 사용
   ㉡ 프로그래머가 해당 문제에 대비해 작성해 놓은 처리 루틴을 수행하도록 함
   ㉢ C++, Ada, JAVA, JAVA Script와 같은 언어에는 예외 처리 기능이 내장되어 있으며, 그 외의 언어에서는 필요
      한 조건문을 이용해 예외 처리 루틴을 작성
   ㉣ 예외의 원인에는 컴퓨터 하드웨어 문제, 운영체제 설정 실수, 라이브러리 손상, 사용자의 입력 실수, 받아들일 수
      없는 연산, 할당하지 못하는 기억장치 접근 등이 있음

[오류의 종류 및 수정 · 처리]

종류	오류 내용	에러 수정 및 처리
구문 오류	자바 구문에 어긋난 코드 입력 예 컴파일 시 발생하는 구문 오류 : byte b = 128;	컴파일 오류는 컴파일러가 에러와 디버그를 찾아 수정이 용이함
실행 오류	• 프로그램 실행 시 상황에 따라 발생하는 오류 • 시스템 자체의 문제로 인한 치명적인 문제는 오류(Error)로 분류하며, 컴파일 때 문제 삼지 않는 오류	• 프로그래머가 오류를 처리하지 않고 시스템적으로 문제 해결 • OutOfMemoryError : 메모리 부족(JVM 해결) • StackOverflowError : 스택 영역을 벗어난 메모리 할당(JVM 해결) • NoClassFoundError : 해당 클래스를 시스템에 생성하면 해결
	• 문제가 발생할 것이 예측되어 프로그램 과정 중에 잡아낼 수 있는 문제는 예외(Exception) 분류 • 대표적인 예외 상황 　- 정수를 0으로 나누는 경우(ArithmeticException) 　- 배열 인덱스가 배열 길이를 넘는 경우(ArrayIndex OutOfBoundException) 　- Null 값을 참조하는 경우 등(NullPointerException) 　- 부적절한 형 변환이 발생하는 경우 　- 입출력 파일이 존재하지 않는 경우	예외는 프로그래머가 노력으로 처리 가능 예 Int j = 10 / I; 프로그램 수행 이전에 변수값이 0인지 판별하여 나눗셈을 선택적으로 수행

❸ 예외 처리 고려사항

　㉠ 예외가 발생할 수 있는 가능성 최소화

　　• 0으로 나누는 산술 연산의 경우는 예외를 발생시켜 처리하는 것보다는 연산 이전에 if 문을 두어 나누는 숫자가 0인지를 결정함

　　• 0인 경우 적절한 조치를 취하는 문장을 두는 것이 유리함

　㉡ 예외가 발생되었을 때 동일한(예외를 발생시킨) 코드를 계속 실행시키는 예외 처리 루틴은 피함

　　• 존재하지 않는 파일의 개방의 경우, 존재하지 않는 파일을 개방하려는 시도는 언제나 실패할 것임

　　• 이러한 경우에는 새로운 파일 이름을 입력받도록 예외 처리 루틴을 작성함

　㉢ 모든 예외를 처리하려고 노력하지 않음

　　• 발생할 수 있는 예외를 미리 예상하여 해당되는 예외만을 처리하도록 예외 처리 루틴을 작성하는 것이 예외 처리 시 발생할 수 있는 비용을 최소화할 수 있음

　　• 플로피 디스크 입출력 에러의 경우 물리적인 손상 때문에 발생하는 경우가 많으므로 이러한 경우 재시도해도 계속 예외가 발생됨

　　• 이 경우 대부분은 프로그래머가 작성한 예외 처리 루틴에서 복구할 수 없는 예외가 되므로 시스템에 해당 예외 처리를 떠넘기는 것이 모든 면에서 유리함

01 다음 중 예외에 대한 자바의 주요 객체에 해당하는 알맞은 답을 보기에서 찾아 쓰시오.

산술 연산에 대한 예외가 발생한 경우	㉠
배열 범위를 벗어난 접근의 경우	㉡
존재하지 않는 객체를 참조한 경우	㉢

보기

① ClassNotFoundException   ② NoSuchMethodException
③ FileNotFoundException   ④ InterruptedIOException
⑤ ArithmeticExcetpion   ⑥ IllegalArgumentException
⑦ NumberFormatException   ⑧ ArrayIndexOutBoundsException
⑨ NegativeArraySizeException   ⑩ NullPointerException

㉠ :

㉡ :

㉢ :

해설

클래스를 못 찾는 경우	ClassNotFoundException
메서드를 찾지 못한 경우	NoSuchMethodException
파일을 찾지 못한 경우	FileNotFoundException
입출력 처리가 중단된 경우	InterruptedIOException
산술 연산에 대한 예외가 발생한 경우	ArithmeticExcetpion
잘못된 인자가 전달된 경우	IllegalArgumentException
형식을 변환할 수 없는 것으로 변환한 경우	NumberFormatException
배열 범위를 벗어난 접근의 경우	ArrayIndexOutBoundsException
0보다 작은 값으로 배열 크기를 설정한 경우	NegativeArraySizeException
존재하지 않는 객체를 참조한 경우	NullPointerException

정답 ㉠ : ⑤, ㉡ : ⑧, ㉢ : ⑩

02 다음 중 프로그램 수행 중 예외가 발생할 수 있는 경우를 모두 고르시오.

⊙ 정수를 0으로 나누는 경우
ⓒ 배열의 인덱스가 배열 길이를 넘는 경우
ⓒ 부적절한 형 변환이 발생하는 경우
ⓔ 입출력 파일이 존재하지 않는 경우
ⓜ Null 값을 참조하는 경우

해설
정수를 0으로 나누는 경우(ArithmeticException), 배열의 인덱스가 배열 길이를 넘는 경우(ArrayIndexOutOfBoundException), 부적절한 형 변환이 발생하는 경우, 입출력 파일이 존재하지 않는 경우, Null 값을 참조하는 경우(NullPointerException) 모두 대표적인 예외 상황이라고 할 수 있다.

정답 ⊙, ⓒ, ⓒ, ⓔ, ⓜ

5.2.3 단위 테스트 기능을 활용하여 오류를 수정하거나 예외 처리를 할 수 있다.

기출유형 41

개별 모듈을 시험하는 것으로 모듈이 정확하게 구현되었는지, 예정한 기능이 제대로 수행되는지를 점검하는 것이 주목적인 테스트를 쓰시오.

해설
단위 테스트(Unit Test)는 모듈이나 컴포넌트 단위로 기능을 확인하는 테스트이다.

정답 단위 테스트(Unit Test)

족집게 과외

❶ 애플리케이션 테스트 개념

ⓐ 애플리케이션에 잠재된 결함을 찾아내는 일련의 행위 또는 절차

ⓑ 개발된 소프트웨어가 고객의 요구사항을 만족시키는지 확인(Validation)하고 소프트웨어가 기능을 정확히 수행하는지 검증(Verification)하는 것

ⓒ 애플리케이션 테스트를 실행하기 전에 개발한 소프트웨어의 유형을 분류하고 특성을 정리해서 중점적으로 테스트할 사항을 정리해야 함

❷ 애플리케이션 테스트의 필요성

ⓐ 애플리케이션 테스트를 통해 프로그램 실행 전에 오류를 발견하여 예방할 수 있음

ⓑ 애플리케이션 테스트는 프로그램이 사용자의 요구사항이나 기대 수준 등을 만족시키는지 반복적으로 테스트하므로 제품의 신뢰도를 향상시킴

ⓒ 애플리케이션의 개발 초기부터 애플리케이션 테스트를 계획하고 시작하면 단순한 오류 발견뿐만 아니라 새로운 오류의 유입도 예방할 수 있음

ⓓ 애플리케이션 테스트를 효과적으로 수행하면 최소한의 시간과 노력으로 많은 결함을 찾을 수 있음

❸ 애플리케이션 테스트의 기본 원리

ⓐ 완벽한 소프트웨어 테스트는 불가능하며 소프트웨어의 잠재적인 결함을 줄일 수는 있지만, 소프트웨어에 결함이 없다고 증명할 수는 없음

ⓑ 결함집중 : 애플리케이션의 결함은 대부분 개발자의 특성이나 애플리케이션의 기능적 특징 때문에 특정 모듈에 집중되어 있음

ⓒ 애플리케이션의 20%에 해당하는 코드에서 전체 80%의 결함이 발견된다고 하여 파레토 법칙을 적용하기도 함

❹ 개발 단계에 따른 애플리케이션 테스트

    ㉠ 애플리케이션 테스트는 소프트웨어의 개발 단계에 따라 테스트 레벨로 분류

    ㉡ 테스트 레벨은 단위 테스트, 통합 테스트, 시스템 테스트, 인수 테스트로 분류

    ㉢ 애플리케이션 테스트는 소프트웨어의 개발 단계에서부터 테스트를 수행하므로 단순히 소프트웨어에 포함된 코드
       상의 오류뿐만 아니라 요구 분석의 오류, 설계 인터페이스 오류 등도 발견할 수 있음

    ㉣ V-모델은 애플리케이션 테스트와 소프트웨어 개발 단계를 연결하여 표현한 것

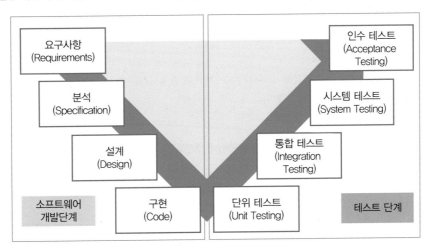

▲ 소프트웨어 생명 주기의 V-모델

❺ 단위 테스트(Unit Test)

    ㉠ 단위 테스트는 코딩 직후 소프트웨어 설계의 최소 단위인 모듈이나 컴포넌트에 초점을 맞춰 테스트하는 것

    ㉡ 단위 테스트에서는 인터페이스, 외부적 I/O, 자료 구조, 독립적 기초 경로, 오류처리 경로, 경계 조건 등을 검사

    ㉢ 단위 테스트는 사용자의 요구사항을 기반으로 한 기능성 테스트를 최우선으로 수행

    ㉣ 단위 테스트는 구조 기반 테스트와 명세 기반 테스트로 나뉘지만 주로 구조 기반 테스트를 시행

    ㉤ 단위 테스트로 발견 가능한 오류는 알고리즘 오류에 따른 원치 않는 결과, 탈출구가 없는 반복문의 사용, 틀린 계
       산 수식에 의한 잘못된 결과 등이 있음

테스트 방법	테스트 내용	테스트 목적
구조 기반 테스트	프로그램 내부 구조 및 복잡도를 검증하는 화이트박스(White Box) 테스트 시행	제어 흐름, 조건 결정
명세 기반 테스트	목적 및 실행 코드 기반의 블랙박스(Black Box) 테스트 시행	• 동등분할(동치분할) • 경계값 분석

- 동등분할기법(Equivalence Partitioning Testing, 동치분할 검사)
  프로그램의 입력 조건에 타당한 입력 자료와 타당하지 않은 입력 자료의 개수를 균등하게 하여 테스트 케이스를 정하고 해당 입력 자료에 맞는 결과가 출력되는지 확인하는 기법
- 경계값 분석(Boundary Value Analysis)
  입력 조건의 중간값보다 경계값에서 오류가 발생될 확률이 높다는 점을 이용하여 입력 조건의 경계값을 테스트 케이스로 선정하여 검사하는 기법

❻ 통합 테스트(결합 테스트)

- ㉠ 단위 테스트가 완료된 모듈들을 결합하여 하나의 시스템으로 완성시키는 과정에서의 테스트
- ㉡ 모듈 간 또는 통합된 컴포넌트 간의 상호 작용 오류를 검사

❼ 시스템 테스트

- ㉠ 개발된 소프트웨어가 해당 컴퓨터 시스템에서 완벽하게 수행되는가를 점검하는 테스트
- ㉡ 환경적인 장애 리스크를 최소화하기 위해서는 실제 사용 환경과 유사하게 만든 테스트 환경에서 테스트를 수행해야 함
- ㉢ 기능적 요구사항과 비기능적 요구사항으로 구분하여 각각을 만족하는지 테스트

구분	주요 내용
기능적 요구사항	요구사항 명세서, 비즈니스 절차, 유스케이스 등 명세서 기반의 블랙박스 테스트 시행
비기능적 요구사항	성능 테스트, 회복 테스트, 보안 테스트, 내부 시스템의 메뉴 구조, 웹 페이지의 네비게이션 등 구조적 요소에 대한 화이트박스 테스트 시행

❽ 인수 테스트

- ㉠ 개발한 소프트웨어가 사용자의 요구사항을 충족하는지에 중점을 두고 테스트하는 방법
- ㉡ 개발한 소프트웨어를 사용자가 직접 테스트
- ㉢ 문제가 없다면 사용자는 소프트웨어를 인수하게 되고, 프로젝트는 종료
- ㉣ 인수 테스트 종류

구분	주요 내용
사용자 인수 테스트	사용자가 시스템 사용의 적절성 여부 확인
운영상의 인수 테스트	시스템 관리자가 백업·복원 시스템, 재난 복구, 사용자 관리, 정기 점검 등을 확인
계약 인수 테스트	인수, 검수 조건을 준수하는 여부 확인
규정 인수 테스트	정부 지침, 법규, 규정에 맞게 개발 확인
알파 테스트	• 개발자의 장소에서 사용자가 개발자 앞에서 하는 테스트 기법 • 통제된 환경에서 행해지며, 오류와 문제점을 사용자와 개발자가 함께 확인하며 기록
베타 테스트	• 선정된 사용자가 여러 명의 사용자 앞에서 하는 테스트 기법(필드 테스팅) • 실업무를 가지고 사용자가 직접 테스트 하는 것 • 개발자에 의해 제어되지 않는 상태에서 테스트 실행 • 발견된 오류와 문제점을 기록하고 개발자에게 주기적으로 보고

01 소프트웨어 테스트에서 오류의 80%는 전체 모듈의 20% 내에서 발견된다는 법칙을 무엇이라고 하는지 쓰시오.

해설
파레토 법칙은 상위 20% 사람들이 전체 부의 80%를 가지며, 상위 20% 고객이 매출의 80%를 창출한다는 의미이다. 즉, 테스트로 발견된 80%의 오류는 20%의 모듈에서 발견되고 20% 모듈을 집중적으로 테스트해 효율적으로 오류를 검색할 수 있는 법칙이다.

정답 파레토 법칙

02 보기에서 설명하는 소프트웨어 테스트의 기본 원칙은 무엇인지 쓰시오.

- 파레토 법칙이 좌우한다.
- 애플리케이션 결함의 대부분은 소수의 특정 모듈에 집중되어 존재한다.
- 결함은 발생한 모듈에서 계속 추가로 발생할 가능성이 높다.

해설
애플리케이션의 결함은 대부분 개발자의 특성이나 애플리케이션의 기능적 특징 때문에 특정 모듈에 집중되어 있다.

정답 결함집중

03 애플리케이션 테스트에 대한 다음 설명에서 괄호에 들어갈 알맞은 답을 〈보기〉에서 찾아 쓰시오.

> 애플리케이션 테스트는 애플리케이션에 잠재되어 있는 결함을 찾아내는 일련의 행위 또는 절차이다. 소프트웨어가 기능을 정확히 수행하는지 (㉠)하고, 개발된 소프트웨어가 고객의 요구사항을 만족시키는지 (㉡) 한다.

| 보기 |

| • Accreditation | • Certification | • Investigation | • Authorization |
| • Verification | • Inspection | • Validation | • Authentication |

해설
애플리케이션 테스트는 소프트웨어가 기능을 정확히 수행하는지 검증(Verification)하고, 개발된 소프트웨어가 고객의 요구사항을 만족시키는지 확인(Validation)한다.

정답 ㉠ : Verification, ㉡ : Validation

04 애플리케이션 테스트에 대한 다음 설명에서 괄호에 들어갈 알맞은 용어를 쓰시오.

> • (㉠)박스 테스트는 소프트웨어가 수행할 특정 기능을 알기 위해서 각 기능이 완전히 작동되는 것을 입증하는 테스트로 기능 테스트라고도 한다. 사용자의 요구사항 명세를 보면서 테스트하며 주로 구현된 기능을 테스트한다.
> • (㉡)박스 테스트는 모듈의 원시코드를 오픈시킨 상태에서 원시코드의 논리적인 모든 경로를 테스트하여 테스트 케이스를 설계하는 방법이다.

해설
• 블랙박스 테스트는 명세기반의 기능 테스트를 의미한다.
• 화이트박스 테스트는 구조기반의 논리적인 경로를 테스트하며 프로그램 내부 구조, 복잡도를 검증한다.

정답 ㉠ : 블랙, ㉡ : 화이트

05 애플리케이션 테스트에 대한 다음 설명에 해당하는 테스트기법을 쓰시오.

> 프로그램의 입력 조건에 타당한 입력 자료와 타당하지 않은 입력 자료의 개수를 균등하게 하여 테스트 케이스를 구성하고, 입력 자료에 맞는 결과가 출력되는지 확인하는 기법이다.

해설
동치분할 검사는 입력 자료에 초점을 맞춰 테스트 케이스(동치 클래스)를 만들고 검사하는 방법으로 입력 조건에 타당한 입력 자료와 타당하지 않은 입력 자료의 개수를 균등하게 한다.

정답 동치분할 검사

06 다음 보기에서 블랙박스 테스트에 해당하는 기법을 모두 고르시오.

> ㉠ 기초 경로 검사 ㉡ 조건 검사 ㉢ 경계값 분석 ㉣ 루프 검사
> ㉤ 동치분할 검사 ㉥ 데이터 흐름 검사 ㉦ 제어 구조 검사

해설

구분	주요 내용
동치 · 동등분할 검사 (Equivalence Partitioning Testing, 동치 클래스 분해)	• 입력 자료에 초점을 맞춰 테스트 케이스(동치 클래스)를 만들고 검사하는 방법 • 입력 조건에 타당한 입력 자료와 타당하지 않은 입력 자료의 개수를 균등하게 함
경계값 분석 (Boundary Value Analysis)	• 입력 자료에만 치중한 동치분할 기법의 보완, 입력 조건의 경계값을 테스트 • 입력 조건의 중간값보다 경계값에서 오류가 발생될 확률이 높다는 점을 이용
원인-효과 그래프 검사 (Cause-effect Graphing Testing)	• 입력 데이터 간의 관계와 출력에 영향을 미치는 상황을 체계적으로 분석 • 효율성이 높은 테스트 케이스를 선정하여 검사
오류 예측 검사 (Error Guessing, 데이터 확인 검사)	• 과거의 경험이나 확인자의 감각으로 테스트 • 다른 블랙박스 테스트 기법으로는 찾아낼 수 없는 오류를 찾아내는 일련의 보충적 검사 기법
비교 검사 (Comparison Testing)	PC, 모바일 등 여러 버전의 프로그램에 동일한 테스트 자료를 제공하여 동일한 결과가 출력되는지 테스트

정답 ㉢ 경계값 분석, ㉤ 동치분할 검사

07 애플리케이션 테스트에 대한 다음 설명에 해당하는 테스트를 쓰시오.

> • 단위 테스트가 완료된 모듈들을 결합하여 하나의 시스템으로 완성시키는 과정에서의 테스트를 의미한다.
> • 모듈 간 또는 통합된 컴포넌트 간의 상호작용 오류를 검사한다.
> • 단위 테스트가 끝난 모듈을 통합하는 과정에서 발생하는 오류 및 결함을 찾는 테스트이다.
> • 비점진적 방식과 점진적 방식으로 구분할 수 있다.

해설

통합 테스트(Integration Test, 결합 테스트)는 단위 테스트가 완료된 모듈들을 결합하여 하나의 시스템으로 완성시키는 과정에서의 테스트로, 모듈 간 또는 통합된 컴포넌트 간의 상호작용 오류를 검사한다.

정답 통합 테스트(Integration Test)

08 애플리케이션 테스트에 대한 다음 설명에서 괄호에 들어갈 알맞은 답을 쓰시오.

> 개발자의 장소에서 사용자가 개발자 앞에서 행하는 테스트 기법으로 테스트는 통제된 환경에서 행해지며, 오류와 사용상의 문제점을 사용자와 개발자가 함께 확인하면서 기록한다.

해설

알파 테스트는 검증(Validation) 검사 기법 중 개발자의 장소에서 사용자가 개발자 앞에서 행해지며, 오류와 사용상의 문제점을 사용자와 개발자가 함께 확인하면서 검사하는 기법이다.

정답 알파 테스트

PART 06
공간정보 UI 프로그래밍

공간정보융합기능사 실기

01 데이터 구조 정의하기

| 출제 기준 |

6.1.1 데이터 구조 정의에 필요한 하드웨어 및 소프트웨어 필요사항을 검토하고 실행 환경에 필요한 준비를 수행할 수 있다.

기출유형 42

보기의 설명에 가장 적합한 개발 지원 도구를 쓰시오.

> 편집기, 컴파일러, 디버거 등 개발에 필요한 다양한 툴을 하나의 인터페이스로 통합하여 제공하는 소프트웨어 또는 서비스를 의미한다. 코드를 자동으로 생성해 줄 뿐만 아니라 컴파일 과정까지 자동으로 수행해주며, 그 밖의 여러 기능도 다운로드하여 추가하는 것이 가능하다.

해설
통합 개발 환경은 코딩, 디버그, 컴파일, 배포 등 프로그램 개발과 관련된 모든 작업을 하나의 프로그램에서 처리할 수 있도록 제공하는 소프트웨어적인 개발 환경이다.

정답 통합 개발 환경(IDE : Integrated Development Environment)

족집게 과외

❶ 실행 환경 준비
　㉠ 통합 개발 환경(IDE : Integrated Development Environment)
　　• 코딩, 디버그, 컴파일, 배포 등 프로그램 개발과 관련된 모든 작업을 하나의 프로그램에서 처리할 수 있도록 제공하는 소프트웨어적인 개발 환경
　　• 기존 소프트웨어 개발에서는 편집기(Editor), 컴파일러(Compiler), 디버거(Debugger) 등의 다양한 툴을 별도로 사용 → 현재는 하나의 인터페이스로 통합하여 제공
　㉡ 통합 개발 환경 도구
　　• 통합 개발 환경을 제공하는 소프트웨어를 의미하며 플랫폼, 운영체제, 언어별로 다양함

프로그램	개발사	플랫폼	운영체제	지원언어
이클립스 (Eclipse)	Eclipse Foundation, IBM	크로스 플랫폼	Windows, Linux, MacOS	Java, C, C++, PHP, JSP 등
비주얼 스튜디오 (Visual Studio)	Microsoft	Win32, Win64	Windows	Basic, C, C++, C#, .NET 등
엑스코드 (Xcode)	Apple	Mac, iPhone	MacOS, iOS	C, C++, C#, Java, AppleScript 등

안드로이드 스튜디오 (Android Studio)	Google	Android	Windows, Linux, MacOS	Java, C, C++
IDEA	JetBrains	크로스 플랫폼	Windows, Linux, MacOS	Java, JSP, XML, Go, Kotlin , PHP 등

- 통합 개발 환경 도구의 대표적인 기능

구분	주요 내용
코딩(Coding)	C, JAVA 등의 프로그래밍 언어로 컴퓨터 프로그램을 만드는 기능
컴파일(Compile)	• 소스코드를 바이너리 코드로 변환하는 기능 • 개발자가 작성한 고급 언어로 된 프로그램을 컴퓨터가 이해할 수 있는 목적 프로그램으로 번역
디버깅(Debugging)	소프트웨어 및 하드웨어의 오류나 잘못된 동작, 버그(Bug)를 찾아 수정하는 기능
배포(Deployment)	소프트웨어를 사용자에게 전달하는 기능

ⓒ 빌드 도구
- 빌드는 소스코드들을 컴퓨터에서 실행할 수 있는 제품 소프트웨어로 변환하는 과정 또는 결과물
- 빌드 도구는 소스코드를 소프트웨어로 변환하는 과정에 필요한 전처리(Preprocesing), 컴파일(Compile) 등의 작업들을 수행하는 소프트웨어

[주요 빌드 도구]

구분	주요 내용
Ant (Another Neat Tool)	• 아파치 소프트웨어 재단에서 개발한 소프트웨어 • 자바 프로젝트의 공식적인 빌드 도구로 사용 • XML 기반의 빌드 스크립트를 사용 • 자유도와 유연성이 높아 복잡한 빌드 환경에도 대처 가능 • 정해진 규칙이나 표준이 없어 개발자가 모든 것을 정의하며 스크립트 재사용이 어려움
Maven	• Ant와 동일한 아파치 소프트웨어 재단에서 개발 • Ant의 대안으로 개발 • 규칙이나 표준이 존재하여 예외 사항만 기록하면 됨 • 컴파일과 빌드를 동시에 수행 가능 • 의존성(Dependency)을 설정하여 라이브러리를 관리
Gradle	• 기존의 Ant와 Maven을 보완하여 개발한 빌드 도구 • 안드로이드 스튜디오의 공식 빌드 도구로 채택된 소프트웨어 • 한스 도커(Hans Dockter) 외 6인의 개발자가 모여 공동 개발 • Maven과 동일하게 의존성을 활용 • 그루비(Grovy) 기반의 빌드 스크립트 사용

- 빌드와 컴파일의 차이점
  - 컴파일은 소스코드를 바이너리 코드로 변환하는 과정
  - 빌드는 소스코드 파일을 실행 가능한 소프트웨어 산출물로 변환하는 과정으로, 컴파일 이후 링크 과정 포함
  - 빌드는 컴파일 이후에 발생하는 과정으로, 컴파일 과정과 함께 링크 과정 수행

구분	주요 내용
빌드 (Build)	• 소스코드 파일을 실행 가능한 형태로 변환하는 과정으로, 컴파일 이후 링크 과정을 포함 • 이 과정에서는 소스코드 파일을 컴파일하고, 링크를 거쳐 실행 파일이나 라이브러리 파일 등을 생성

컴파일 (Compile)	• 컴파일은 소스코드를 바이너리코드로 변환하는 과정 • 이 과정에서는 프로그래밍 언어로 작성된 소스코드를 컴퓨터가 이해할 수 있는 기계어로 변환함 • 컴파일은 소스코드를 실행 가능한 바이너리코드로 변환하는 과정

ⓔ 협업 도구(협업 소프트웨어, 그룹웨어)
- 개발에 참여하는 사람들이 서로 다른 작업 환경에서 원활히 프로젝트를 수행할 수 있도록 도와주는 도구
- 협업 소프트웨어, 그룹웨어 등으로도 불림
- 일정관리, 업무흐름 관리, 정보공유, 커뮤니케이션 등 업무 보조 도구 포함

[협업 도구 사례]

구분	주요 내용
프로젝트 및 일정관리	• 전체 프로젝트와 개별 업무들의 진행 상태, 일정 등을 공유하는 기능 제공 • 종류 : 구글 캘린더(Google Calendar), 분더리스트(Wunderlist), 트렐로(Trello), 지라(Jira), 플로우(Flow) 등
정보 공유 및 커뮤니케이션	• 주제별로 구성원들을 지목하여 방을 개설한 후 정보를 공유하고 대화할 수 있음 • 파일 관리가 간편하고, 의사소통이 자유로움 • 종류 : 슬랙(Slack), 잔디(Jandi), 태스크월드(Taskworld) 등
디자인	• 디자이너가 설계한 UI나 이미지 정보들을 코드화하여 개발자에게 전달하는 기능 제공 • 종류 : 스케치(Sketch), 제플린(Zeplin) 등
기타	• 에버노트(Evernote) : 아이디어 공유 사용 • 스웨거(Swagger) : API를 문서화하여 개발자들 간 협업 지원 • 깃허브(Github) : 깃(Git)의 웹호스팅 서비스

ⓜ 개발 환경 구축
- 응용 소프트웨어 개발을 위해 개발 프로젝트를 이해하고 소프트웨어 및 하드웨어 장비를 구축하는 것을 의미
- 개발 환경은 응용 소프트웨어가 운영될 환경과 유사한 구조로 구축
- 개발 프로젝트의 분석 단계의 산출물을 바탕으로 개발에 필요한 하드웨어와 소프트웨어 선정
- 하드웨어와 소프트웨어의 성능, 편의성, 라이선스 등의 비즈니스 환경에 적합한 제품들을 최종적으로 결정

[하드웨어 환경]

구분	주요 내용
클라이언트 (Client)	• 사용자와의 인터페이스 역할 • PC, 스마트폰
서버 (Server)	• 클라이언트와 통신하여 서비스를 제공 • 사용 목적에 따라 웹 서버, 웹 애플리케이션 서버, 데이터베이스 서버, 파일 서버 등으로 나뉨

ⓗ 서버개발
- 웹 애플리케이션의 로직을 구현할 서버 프로그램을 제작하여 웹 애플리케이션 서버(WAS)에 탑재
- WAS 서버에 구현된 서버 프로그램은 웹 서버로부터 받은 요청을 처리하여 결과를 반환하는 역할 수행
- 서버 개발에 사용되는 프로그래밍 언어에는 Java, JavaScript, Python, PHP, Ruby 등
- 각 프로그램 언어에는 해당 언어로 서버 프로그램을 개발할 수 있도록 지원하는 프레임워크가 있음

ⓢ 프레임워크
- 프레임워크는 서버 프로그램 개발 시 다양한 네트워크 설정, 요청 및 응답 처리, 아키텍처 모델 구현 등을 손쉽게 처리할 수 있도록 클래스나 인터페이스를 제공하는 소프트웨어를 의미

- 개발 프레임워크의 대부분은 모델-뷰-컨트롤러(MVC) 패턴을 기반으로 개발됨
- 언어별 프레임워크 종류

구분	주요 내용
Spring	JAVA를 기반으로 만들어진 프레임워크, 전자정부 표준 프레임워크의 기반 기술로 사용
Node .js	• JavaScript를 기반으로 만들어진 프레임워크 • 비동기 입출력 처리와 이벤트 위주 높은 처리 성능, 실시간 입·출력 애플리케이션에 적합
Django	• Python을 기반으로 만들어진 프레임워크 • 컴포넌트의 재사용과 플러그인화를 강조하여 신속한 개발이 가능하도록 지원
Codeigniter	• PHP를 기반으로 만들어진 프레임워크 • 인터페이스가 간편하며 서버 자원을 적게 사용
Ruby on Rails	• Ruby를 기반으로 만들어진 프레임워크, 테스트를 위한 웹 서버 지원 • 데이터베이스 작업을 단순화, 자동화시켜 개발 코드의 길이가 짧아 신속한 개발 가능

- 프레임워크의 특성

구분	주요 내용
모듈화 (Modularity)	• 프레임워크는 캡슐화를 통해 모듈화 강화 • 설계 및 구현의 변경에 따른 영향을 최소화함으로써 소프트웨어의 품질 향상 • 프레임워크는 개발표준에 의한 모듈화로 인해 유지 보수 용이
재사용성 (Reusability)	프레임워크는 재사용 가능한 모듈들을 제공해 예산 절감, 생산성 향상, 품질보증 가능
확장성 (Extensibility)	• 프레임워크는 다형성(Polymorphism)을 통한 인터페이스 확장 가능 • 다양한 형태와 기능을 가진 애플리케이션 개발 가능
제어의 역흐름 (Inversion of Control)	개발자가 관리하고 통제해야 하는 객체 제어를 프레임워크에 넘겨 생산성 향상

◎ 보안
- 소프트웨어 개발 과정에서 발생할 수 있는 보안 취약점(Security Vulnerabiliy)을 최소화하여 보안 위험으로부터 안전한 소프트웨어를 개발하기 위한 일련의 보안 활동을 의미함
- 소프트웨어 개발 보안은 데이터의 기밀성, 무결성, 가용성을 유지하는 것이 목표
- 소프트웨어 개발 보안 가이드를 참고하여 소프트웨어 개발 과정에서 점검해야 할 보안 항목 점검
- 보안 요소는 소프트웨어 개발에 있어 충족시켜야 할 요소 및 요건으로 기밀성(Confidentiality), 무결성(Integrity), 가용성(Avaliability)이 있음

[보안 요소]

구분	주요 내용
기밀성	• 시스템 내의 정보와 자원은 인가된 사용자에게만 접근 허용 • 정보가 전송 중에 노출되더라도 데이터를 읽을 수 있음
무결성	시스템 내의 정보는 오직 인가된 사용자만 수정할 수 있음
가용성	인가받은 사용자는 언제라도 사용할 수 있음
인증	시스템 내의 정보와 자원을 사용하려는 사용자가 합법적인 사용자인지를 확인하는 모든 행위 예 패스워드, 인증용 카드, 지문 검사 등
부인 방지	데이터를 송·수신한 자가 송·수신 사실을 부인할 수 없도록 송·수신 증거 제공

01 아파치 소프트웨어 재단에서 Ant의 대안으로 개발하였으며, 소스코드 파일들을 컴퓨터에서 실행할 수 있는 제품 소프트웨어로 변환하는 빌드 도구를 쓰시오.

해설
Maven은 의존성을 사용하여 라이브러리를 관리하며, 규칙이나 표준이 존재하여 예외 사항만 기록한다.

정답 Maven

02 JAVA를 기반으로 만든 프레임워크, 전자정부 표준 프레임워크의 기반 기술로 사용되고 있는 서버 개발 프레임워크를 쓰시오.

해설
스프링(Spring)은 자바 플랫폼을 위한 오픈 소스 애플리케이션 프레임워크로서 동적인 웹 사이트를 개발하기 위한 여러 서비스를 제공한다.

정답 스프링(Spring)

03 시스템 기능이나 설계, 구현 단계에서의 문제점 등으로 인해 시스템이 가지게 되는 보안상의 약점을 가리키는 용어를 쓰시오.

취약점(Vulnerability)이란 정보시스템이나 소프트웨어상에 존재하는 보안상의 약점을 일컫는다. 기업에서 해킹이나 서비스 장애, 데이터의 유출 · 변조 · 삭제 등이 일어난 경우, 이러한 시스템 상의 취약점을 악용하여 피해가 발생하게 되는 것이다.

정답 보안 취약점(Security Vulerability)

04 Python을 기반으로 만들어진 프레임워크로 컴포넌트의 재사용과 플러그인화를 강조하여 신속한 개발이 가능한 서버 개발 프레임워크를 쓰시오.

장고(Django)는 파이썬으로 만들어진 무료 오픈소스 웹 애플리케이션 프레임워크(Web Application Framework)이다. 쉽고 빠르게 웹사이트를 개발할 수 있도록 돕는 구성요소로 이루어진 웹 프레임워크이다.

정답 장고(Django)

6.1.2 객체지향 기반 프로그래밍 언어와 도구를 활용하여 데이터 유형을 식별하고 선언 및 할당할 수 있다.

기출유형 43

다음 보기의 설명을 읽고 괄호 안에 해당하는 용어를 쓰시오.

( )은/는 어떤 값을 주기억장치에 기억하기 위해서 사용하는 공간으로, 변할 수 있는 값을 의미한다. ( )의 자료형에 따라 저장할 수 있는 값의 종류와 범위가 달라진다.

해설
변수는 데이터를 저장하는 데 사용되는 메모리 위치를 가리키는 식별자이며 데이터를 저장하고 조작하는 데 사용된다. 변수를 선언할 때 자료형(데이터 타입)을 지정해야 하며, 해당 변수에는 지정된 자료형에 맞는 값이 저장될 수 있다.

정답 변수

족집게 **과외**

❶ 데이터 유형 식별

　㉠ 변수 선언
　　• 변수는 프로그램 실행 중에 값을 임시 저장하기 위한 공간으로 변수값은 프로그램 수행 중 변경될 수 있음
　　• 데이터 타입에서 정한 크기의 메모리를 할당하고 반드시 변수 선언과 값을 초기화 한 후 사용하여야 함
　㉡ 데이터 타입(Data Type)
　　• 데이터 타입은 변수(Variable)에 저장될 데이터의 형식을 나타냄
　　• 변수에 값을 저장하기 전에 어떤 형식(문자형, 정수형, 실수형 등)의 값을 저장할지 데이터 타입을 지정하여 변수를 선언해야 함
　　• 데이터 타입의 종류

유형	기능	예
정수 타입 (Integer Type)	정수, 즉 소수점이 없는 숫자 저장	1, −1, 10, −100
부동 소수점 타입 (Floating Point Type)	소수점 이하가 있는 실수 저장	0.123×102, -1.6×23
문자 타입 (Character Type)	• 한 개의 문자 저장 • 작은 따옴표(', ') 안에 표시	'A', 'a', '1', '*'
문자열 타입 (Character String Type)	• 문자열 저장 사용 • 큰 따옴표(", ") 안에 표시	"Hello", "1+2=3"
불린 타입 (Boolean Type)	• 조건의 참(True), 거짓(False) 여부 저장 • 기본값은 거짓(False)	True, False
배열 타입 (Array Type)	• 같은 타입의 데이터 집합 저장 • 데이터는 중괄호({ }) 안에 콤마(,)로 구분하여 값을 나열	{1, 2, 3, 4, 5}

ⓒ C/C++ 데이터의 데이터 타입 크기 및 기억 범위

종류	데이터 타입	크기	기억 범위
문자	char	1Byte	−128 ~ 127
부호없는 문자형	unsigned char	1Byte	0 ~ 255
정수	short	2Byte	− 32,768 ~ 32,767
	int	4Byte	−2,147,483,648 ~ 2,147,483,647
	long	4Byte	−2,147,483,648 ~ 2,147,483,647
	long long	8Byte	− 9,223,372,036,854,775,808 ~ 9,223,372,036,854,775,807
부호없는 정수형	unsigned short	2Byte	0 ~ 65,535
	unsigned int	4Byte	0 ~ 4,294,967,295
	unsigned long	4Byte	0 ~ 4,294,967,295
실수	float	4Byte	$1.2 \times 10^{-38} \sim 3.4 \times 10^{38}$
	double	8Byte	$2.2 \times 10^{-308} \sim 1.8 \times 10^{308}$
	long double	8Byte	$2.2 \times 10^{-308} \sim 1.8 \times 10^{308}$

ⓔ JAVA의 데이터 타입 크기 및 기억 범위

종류	데이터 타입	크기	기억 범위
문자	char	2Byte	0 ~ 65,535
정수	byte	1Byte	−128 ~ 127
	short	2Byte	−32,768 ~ 32,767
	int	4Byte	−2,147,483,648 ~ 2,147,483,647
	long	8Byte	− 9,223,372,036,854,775,808 ~ 9,223,372,036,854,775,807
실수	float	4Byte	$1.4 \times 10^{-45} \sim 1.8 \times 10^{38}$
	double	8Byte	$4.9 \times 10^{-308} \sim 1.8 \times 10^{308}$
논리	boolean	1Byte	True 또는 False

ⓜ Python의 데이터 타입 크기 및 기억 범위

종류	데이터 타입	크기	기억 범위
문자	str	무제한	프로그램에 배정된 메모리의 한계까지 저장
정수	int	무제한	프로그램에 배정된 메모리의 한계까지 저장
실수	float	8Byte	$4.9 \times 10^{-324} \sim 1.8 \times 10^{308}$
	doble	8Byte	$4.9 \times 10^{-324} \sim 1.8 \times 10^{308}$

ⓑ Python의 컨테이너 객체

컨테이너 객체란 리스트, 튜플, 딕셔너리 등 하나의 이름으로 여러 요소를 가질 수 있는 개체를 말함

종류	기억 범위
리스트 (List)	• 리스트는 대괄호([ ])로 둘러싸여 있으며, 여러 개의 요소를 가질 수 있음 • 리스트는 순서가 있고, 요소에 접근할 때 인덱스를 사용함 • 수정 가능한 자료형이므로 요소를 추가하거나 삭제할 수 있고 중복 요소를 가질 수 있음
딕셔너리 (Dictionary)	• 키(Key)와 값(Value)의 쌍으로 이루어진 자료형 • 딕셔너리는 중괄호({ })로 둘러싸여 있으며, 각 키와 값은 콜론(:)으로 구분 • 딕셔너리는 순서가 없기 때문에 인덱스를 사용하여 요소에 접근할 수 없음 • 수정 가능한 자료형이기 때문에 요소를 추가하거나 삭제할 수 있음 • 딕셔너리는 중복된 키를 가질 수 없지만, 중복된 값은 가질 수 있음
튜플 (Tuple)	• 튜플은 리스트와 비슷하지만, 수정 불가능(Immutable)한 자료형 • 튜플은 소괄호(( ))로 둘러싸여 있으며, 여러 개의 요소를 가질 수 있음 • 튜플은 요소에 접근할 때도 인덱스를 사용함
세트 (Set)	• 세트는 중복된 요소를 허용하지 않는 자료형 • 세트는 중괄호({ })로 둘러싸여 있으며, 여러 개의 요소를 가질 수 있음 • 세트는 순서가 없기 때문에 인덱스를 사용하여 요소에 접근할 수 없음

01 보기의 설명을 읽고 괄호 안에 해당하는 용어를 쓰시오.

> (   )은/는 변수(Variable)에 저장될 데이터의 형식을 나타내며, 변수에 값을 저장하기 전에 문자형, 정수형, 실수형 등 어떤 형식의 값을 저장할지 (   )을/를 지정하여 변수를 선언해야 한다.

해설

데이터 타입(Data Types)은 프로그래밍 언어에서 변수 또는 상수가 어떤 종류의 데이터를 저장하는지를 나타내는 것이다. 대표적으로 정수(int), 부동 소수점 수(float), 불리언(boolean), 문자(char) 등이 있다.

정답 데이터 타입(Data Types, 자료형)

02 보기의 설명을 읽고 해당하는 파이썬 컨테이너 객체를 쓰시오.

> • 키(Key)와 값(Value)의 쌍으로 이루어진 자료형으로 괄호({ })로 둘러싸여 있으며, 각 키와 값은 콜론(:)으로 구분된다.
> • 중복된 키를 가질 수 없지만, 중복된 값은 가질 수 있다.

해설

딕셔너리는 키(Key)와 값(Value)의 쌍으로 이루어진 자료형으로, 순서가 없기 때문에 인덱스를 사용하여 요소에 접근할 수 없다.

정답 딕셔너리

6.1.3 프로그래밍 요구사항에 따라 데이터 연산에 필요한 처리 절차를 작성하고 수행 조건, 반복과 제어 등을 작성할 수 있다.

기출유형 44

보기의 C언어로 구현된 프로그램을 분석하여 그 실행결과를 쓰시오.

```c
#include <stdio.h>

void main() {
    int i = 1, n = 0;
    while (i <= 50) {
        if (i % 7 == 0)
            n += i;
        i++;
    }
    printf("%d", n);
}
```

해설
어떤 정수를 7로 나누었을 때 나머지가 0이면 7의 배수를 의미한다. 이 방법으로 1부터 50 사이에 있는 7의 배수의 합을 누적한 후 출력한 값은 196이다.

정답 196

족집게 과외

❶ 데이터 저장, 연산, 조건, 반복, 제어
  ㉠ 데이터 저장
    • 변수는 프로그램 실행 중에 값을 저장하기 위한 공간으로 변수값은 프로그램 수행 중 변경될 수 있음
    • 데이터 타입에서 정한 크기의 메모리를 할당하고 반드시 변수 선언과 값을 초기화한 후 사용하여야 함
    • 변수의 데이터 타입 다음에 이름을 적어 변수를 선언
    • 상수의 경우 값 변경이 불가하며 Final 키워드를 사용하여 선언 시 초기값을 지정
  ㉡ 데이터 연산
    • 산술 연산자
      사칙연산이나 나머지 연산, 증가, 감소 연산 등이 속하며 정수나 실수의 결과를 반환

산술 연산자	개념	예시(결과)	
+	더하기	1 + 2	3
−	빼기	5 − 3	2

*	곱하기	2 * 3	6
/	나누기	7 / 2	3
%	나머지	7 % 2	1

- 증감 연산자
  - 증감 연산자(Increment)는 ++이고, 감소 연산자(Decrement)는 −−이며, 증감 연산자가 변수 앞에 오면 전위 연산자(Prefix), 뒤에 오면 후위 연산자(Postfix)라고 함
  - 전위 또는 후위 연산자의 연산 결과는 1을 증가하거나 감소하는 것과 동일하지만, 대입문이나 다른 연산자들과 변수가 사용될 때는 결과가 연산 우선순위가 다르기 때문에 전혀 다른 결과가 나타남
  - 전위 연산의 경우 먼저 x의 값을 증가(또는 감소)시킨 후 x의 값을 y에 대입하며, 후위 연산은 x의 값을 y에 대입한 후에 x의 값을 증가(또는 감소)시킴
  - 단항 연산자는 ++(증가), −−(감소) 연산자로 변수의 값을 하나 증가 또는 하나 감소시키며 변수의 왼쪽·오른쪽 모두 사용이 가능함

증감 연산자	연산식	의미	사용 예	결과(x=1일 때)
전위 연산자	++x −−x	x = x + 1 x = x − 1	y = ++x y = −−x	x=2, y=2 x=0, y=0
후위 연산자	x++ x−−	x = x + 1 x = x − 1	y = x++ y = x−−	x=2, y=1 x=0, y=1

- 대입 연산자
  - 대입 연산은 변수에 값을 저장하기 위한 용도로 '='를 사용함
  - 대입 연산자를 중심으로 오른쪽의 값을 왼쪽에 대입하여 사용함

대입 연산자	연산식 예	의미	x가 10일 경우
+=	x += 2	x = x + 2	x = 12
−=	x −= 2	x = x − 2	x = 8
*=	x *= 2	x = x * 2	x = 20
/=	x /= 2	x = x / 2	x = 5
%=	x %= 2	x = x % 2	x = 0

- 비교(관계) 연산자
  - 비교 연산자는 대소 비교나 객체 타입 비교 등에 사용됨
  - 비교한 결과에 따라 참(True) 또는 거짓(False)의 boolean 데이터형의 결과를 반환

비교 연산자	의미	예
==	같다	x == 3
!=	다르다	x != 3
<	~보나 작다	x < 3
>	~보다 크다	x > 3
<=	작거나 같다	x <= 3
>=	크거나 같다	x >= 3

- 논리 연산자
  - 논리 연산자는 2개 이상의 비교 연산을 결합해야 하는 경우에 많이 사용됨
  - 논리 연산자는 AND, OR, NOT의 세 가지가 있으며, 논리 연산의 피연산자와 결과는 논리값(True나 False)임

논리 연산자	연산자	예	의미
AND	&&	a && b	a와 b가 모두 True일 때만 True
OR	||	a || b	a와 b 중 하나만 True이면 True
NOT	!	! a	a가 True이면 False, a가 False이면 True

- 삼항 연산자(? :)
  - 삼항 연산자(? :)는 if-else 문과 동일한 방식으로 실행
  - if-else 문에서는 조건을 만족시키는 경우와 그렇지 않은 경우를 블록을 사용하여 여러 문장을 실행시킬 수 있음
  - 삼항 연산자는 한 가지 연산식만을 사용할 수 있어 간결한 코드 작성

if-else 문	삼항 연산자

if(x > 10)
　　y = 10;
else
　　y = 0;
	y =(x > 10) ? 10 : 0

- 연산자 우선순위
  - 자바의 연산자 우선순위는 괄호의 우선순위가 제일 높음
  - 산술 > 비교 > 논리 > 대입 순서이며, 단항 > 이항 > 삼항의 순서
ⓒ 데이터 조건(단순 if / 다중 if / switch)
- 단순 if 문
  - if 문은 주어진 조건에 따라 특정 문장을 수행할지 여부를 선택하게 할 수 있는 명령

```
if(조건)
    조건이 True일 경우 수행하는 문장;
    다음 문장;
```

  - if 문의 조건은 비교 연산이나 논리 연산 등을 사용한 식이 되므로, 조건의 결과는 참이거나 거짓
  - if 문은 조건식이 참인지를 검사하여 참이면 조건식이 True일 때 수행하는 문장을 실행하고, 거짓이면 다음 문장을 수행
- if-else 문
  - if-else 문은 어떤 조건을 한 번 검사해서 True일 때 수행해야 하는 문장과 False일 때 수행해야 하는 문장에 모두 쓸 수 있음
  - 조건이 True일 경우와 False일 경우에 각각 수행해야 하는 문장이 있을 경우 사용

```
if(조건)
    조건이 True일 경우 수행하는 문장;
else
    조건이 False일 경우 수행하는 문장;
다음 문장;
```

- 중첩 if-else 문
  - 중첩 if-else 문은 여러 경우(Multiple Case)를 검사하여 각각의 경우에 따라 다른 문장들을 실행시키고자 할 때 사용
  - 중첩 if-else 문은 첫 번째 조건이 False인 경우 다음 조건을 판단하는 순서로 수행

    ```
    if(조건1)
        조건1이 True일 경우 수행하는 문장;
    else if(조건2)
        조건1이 False이면서 조건2가 True일 경우 수행하는 문장;
    else
        조건1과 조건2가 False일 경우 수행하는 문장;
    ```

- switch 다중 선택문
  - switch 다중 선택 구조는 위의 중첩 if 문에서처럼 한 가지 값을 비교하여 여러 가지 문장으로 분기시키기 위해 사용
  - 수행 방식은 중첩 if 문에서와 동일한 방식으로 수행
  - switch 문에서는 값의 범위를 비교할 수 없고, 값이 일치하는지만 비교할 수 있음
  - default 블록은 이전의 모든 경우에 해당되지 않는 경우 수행되는 블록으로 switch 문의 가장 마지막에 사용
  - switch 문에서의 각 case에 해당되는 문장들은 중괄호 블록을 사용하지 않아도 다음 case 이전까지의 모든 문장이 실행되며 break 문은 해당 블록을 벗어나도록 해 줌

② 데이터 반복(for / while / do while)
  - for 반복문
    for 문은 반복 제어 변수와 최종값을 정의하여 원하는 횟수만큼 반복시키는 구조

    ```
    for(초기문 ; 조건식 ; 증감수식){
        명령문1;
        명령문1;
        ...
    }
    ```

    - 초기문 : 값이 변하는 변수의 초기값 선언부
    - 조건식 : 초기화에서 선언한 변수가 증감하면서 조건식이 거짓이 될 때까지의 선언부
    - 증감수식 : 초기화에 선언한 변수를 일정하게 증가

- while 반복문
  - for 문이 일정한 반복 횟수가 정해진 경우에 많이 이용되는 반복문인 반면, while 문은 반복 횟수가 정해지지 않고 어떤 조건이 만족되면 계속 반복되는 구조에 많이 사용됨

  ```
  while(조건)
    반복 수행 문장;
  ```

  - 이 문장은 먼저 조건을 평가하여 조건이 참인 동안 반복 수행 문장을 반복 수행하다가 조건이 거짓이 되는 순간 반복을 멈추고 제어를 다음으로 넘김
  - 조건의 결과를 거짓으로 만들 수식이나 문장이 없으면 그 while 문은 반복 수행 문장을 무한정으로 반복 수행하는데, 이를 무한 루프라고 함
  - 반대로 처음부터 조건이 거짓이라면 그 while 문은 한 번도 반복 실행되지 않음
  - 반복의 몸체가 여러 개의 문장일 경우에 다음과 같이 중괄호({ })를 사용하여 블록으로 표시
- do-while 반복문
  - do-while 반복 구조는 먼저 몸체를 수행한 다음, 조건을 테스트하여 False이면 반복을 벗어나고, 참이면 다시 수행하고 조건을 테스트

  ```
  do
    반복 수행 문장;
  while(조건);
  ```

  - while 문의 반복 수행 부분이 한 번도 수행하지 않을 수도 있으나, do-while의 경우에는 최소한 한 번은 수행
ⓜ 데이터 제어(break / continue)
- break 문
  - break 문이 while, for, do-while 또는 switch 구조 등에서 쓰이며 해당 블록 밖으로 제어를 옮김
  - break 문은 반복(Loop)을 일찍 벗어나게 하거나 switch 다중 선택 구조에 break 문 이후의 나머지 문장들의 실행을 넘어가고자 할 때 사용
- continue 문
  continue 문 다음의 반복 블록의 수행을 넘어가고, 다음 반복을 계속하도록 함

01 다음 코드를 실행시키면 나오는 x, y, z 변수의 출력 결과를 쓰시오.

```java
int x = 1;
int y = 0;
int z = 0;


y = x++;
z = --x;


System.out.println(x + ", " + y + ", " + z);
```

해설

반복문은 프로그램을 원하는 횟수나 조건이 만족할 때까지 반복적으로 수행하는 명령이다. 반복 명령으로는 일정 횟수만큼을 반복시키는 for 문, 특정 조건이 만족될 때까지 반복하는 while 문과 do-while 문이 있으며, if(조건문) 문은 자바 선택구조를 위한 조건문이다.

정답 1, 1, 1

02 보기의 자바로 구현된 프로그램을 분석하여 그 실행결과를 쓰시오.

```
public class Test {

        public static void main(String[] args) {
                int a = 26;
                int b = 91;
                int g = 0;
                int c = a < b ? a : b;
                for (int i = 1; i < c; i++) {
                        if(a % i == 0 && b % i == 0)
                                g = i;
                }
                System.out.print(g);
        }
}
```

int c = a < b ? a : b;의 결과는 c = 26이 되며, 1부터 26까지, 26과 91을 나누었을 때 동시에 나머지가 0이 되는 수, 즉 공약수를 찾고 공약수를 출력한다.

정답 13

03 다음 C언어로 구현된 프로그램을 분석하여 그 실행결과를 쓰시오.

```c
#include <stdio.h>

void main() {
    int num = 35, evencnt = 0, oddcnt = 0;
    for (int i = 1; i <= num; i++) {
        if (i % 2 == 0)
            evencnt++;
        else
            oddcnt++;
    }
    printf("%d %d", evencnt, oddcnt);
}
```

해설

어떤 정수를 2로 나누었을 때 나머지가 0이면 짝수, 1이면 홀수를 의미한다. 이 방법으로 1부터 35 사이에 있는 짝수와 홀수의 개수를 구한 후 출력한다.

정답 17 18

6.1.4 동적 메모리 할당을 위한 연산자 사용을 통해 가변 데이터의 선언, 생성, 초기화를 수행할 수 있다.

기출유형 45

다음 설명에 알맞은 내용을 쓰시오.

> JAVA에서 힙(Heap)에 남아있으나 변수가 가지고 있던 참조값을 잃거나 변수 자체가 없어짐으로써 더 이상 사용되지 않는 객체를 제거해주는 역할을 하는 메모리 관리 방법

해설
실제로는 사용되지 않으면서 가용 공간 리스트에 반환되지 않는 메모리 공간인 가비지(Garbage, 쓰레기)를 강제로 해제하여 사용할 수 있는 메모리로 만드는 메모리 관리 모듈을 가비지 컬렉터(Garbage Collector)라고 한다.

정답 가비지 컬렉터(Garbage Collector)

족집게 과외

❶ 동적 메모리 할당

㉠ 정적(Static)·동적(Dynamic) 메모리 개념
- 프로그램의 정보를 읽어 메모리에 로드되는 과정 속에서, 프로그램이 실행되면 OS(Operating System)는 메모리(RAM)에 공간을 할당
- 메모리 할당 영역은 Code, Data, Stack, Heap 네 가지로 구분

[메모리 구조]

구분		주요 내용
코드 영역		• 실행할 프로그램의 코드가 저장되는 영역 • 프로그램이 시작하고 종료될 때까지 메모리에 계속 남아있음
데이터 영역	정적 메모리	• 프로그램이 사용하는 데이터 공간 • 대표적으로 전역 변수와 정적(Static) 변수, 상수 저장 • 프로그램의 시작과 함께 할당되며 프로그램이 종료되면 소멸 • 프로그램이 종료될 때까지 지워지지 않을 데이터 저장
힙 영역	자유 저장소	• 사용자의 동적 메모리 할당, 런 타임에 크기가 결정 • malloc( ) 또는 new 연산자를 통해 메모리를 할당 • free( ) 또는 delete 연산자를 통해 메모리를 해제 • 힙 영역은 선입선출(FIFO; First In First Out)의 방식으로, 가장 먼저 들어온 데이터가 가장 먼저 인출됨 • 가비지 컬렉터가 없으면 프로그래머가 직접 관리(할당, 해제)해줘야 함 • 스택보다 큰 메모리를 할당받기 위해 사용하며 스택보다 느림
스택 영역	자동 메모리	• 프로그램이 자동으로 사용하는 임시 메모리 영역, 컴파일 타임에 크기가 결정됨 • 함수 호출 시 생성되는 지역변수, 매개변수 등이 저장되고, 함수 호출 완료 후 사라짐

- 정적 할당은 컴파일 단계에서 필요한 메모리 공간을 할당하고, 동적 할당은 실행 단계에서 공간 할당

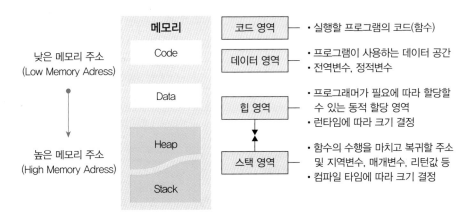

▲ 메모리 용도에 따른 영역

ⓛ 정적 메모리(Static Memory)
- 코드나 데이터가 저장되는 영역
- 프로그램이 로드될 때 미리 정해진 크기만큼 주어지고 프로그램 코드와 필요한 데이터를 올려줌
- 정적 메모리에 저장되는 데이터는 보통 정적변수, 전역변수, 코드에 있는 리터럴 값 등 저장
- 프로그램 시작과 함께 할당되고 끝나면 소멸될 것이므로 프로그램의 실행 중에는 변동이 없음
- 프로그램이 시작되기 전, 컴파일 단계에서 미리 정해진 크기의 메모리를 할당받음

ⓒ 동적 메모리(Dynamic Memory)
- 동적 메모리 할당 또는 메모리 동적 할당은 컴퓨터 프로그래밍에서 실행 시간 동안 사용할 메모리 공간을 할당
- 사용이 끝나면 운영체제가 쓸 수 있도록 반납하고 다음에 요구가 오면 재 할당을 받을 수 있음
- 이것은 프로그램이 실행하는 순간 프로그램이 사용할 메모리 크기를 고려하여 메모리의 할당이 이루어지는 정적 메모리 할당과 대조적임
- 동적으로 할당된 메모리 공간은 프로그래머가 명시적으로 해제하거나, JAVA의 가비지 컬렉터(Garbage Collector)와 같은 사용하지 않거나 사용 완료한 메모리를 해제하는 쓰레기 수집 작업이 일어나기 전까지 그대로 유지
- C/C++과 같이 쓰레기 수집이 없는 언어의 경우, 동적 할당하면 사용자가 해제하기 전까지는 메모리 공간이 계속 유지됨
- 동적 할당은 프로세스의 힙 영역에서 할당하므로 프로세스가 종료되면 운영체제에 메모리 리소스가 반납되어 해제됨
- 사용이 완료된 영역은 반납하는 것이 유리한데, 프로그래머가 함수를 사용해서 해제해야 함

구분	정적 메모리 할당	동적 메모리 할당
메모리 영역	Stack	Heap
메모리 할당	컴파일 단계	실행 단계
메모리 크기	• 고정됨 • 실행 중 조절 불가	• 가변적 • 실행 중 유동적으로 조절 가능
포인터 사용	미사용	사용
할당 해제	• 함수가 사라질 때 • 할당된 메모리 자동 해제(반납)	사용자가 원하는 시점에 할당된 메모리를 직접 해제(반납)
장점	• 할당된 메모리를 해제하지 않음으로 인해 발생하는 메모리 누수와 같은 문제를 신경쓰지 않아도 됨 • 정적 할당된 메모리는 실행 도중에 해제되지 않고, 프로그램이 종료할 때 자동으로 운영체제가 회수함	• 상황에 따라 원하는 크기만큼의 메모리가 할당되므로 경제적임 • 이미 할당된 메모리라도 언제든지 크기를 조절할 수 있음
단점	• 메모리의 크기가 하드 코딩되어 있어서 나중에 조절할 수 없음 • 스택에 할당된 메모리이므로 동적 할당에 비해 할당 받을 수 있는 최대 메모리에 제약을 받음	더 이상 사용하지 않는 경우 프로그래머가 명시적으로 메모리 해제

ⓔ 자바 메모리 구조
- 자바 정적 메모리 영역
  - 스택은 정적으로 할당된 메모리 영역
  - 스택은 함수, 지역변수, 매개변수 저장, 후입선출(LIFO; Last In First Out)방식으로 관리
  - 자바 기본형 변수는 선언과 동시에 자신 크기에 맞는 메모리 할당
  - 표현할 수 있는 각 종류별로 할당되는 메모리 크기 정해짐
  - 원시타입(Primitive Types)은 논리(Boolean), 문자(Char), 정수(Byte, Short, Int, Long), 실수(Float, Double) 등의 각 데이터 타입에 대한 정보가 컴파일에 내장됨
  - 원시타입의 데이터들에 대해서는 실제 값을 스택에 직접 저장(참조값 저장 아님)
  - 생성된 Object 타입의 데이터의 참조값이 할당됨

```
public class Test {
    public static void main(String[] args) {
        int a;
        double b;

        a = 3;
        b = 3.14;

        System.out.printIn("a="+a);
        System.out.printIn("b="+b);
    }
}
```

클래스(Class) 영역	스택(Stack) 영역	힙(Heap) 영역
자바 메서드 코드와 상수 저장 main( )	자바 프로그램의 지역 변수 저장 a = 3 b = 3.14	스택 영역의 참조형 변수의 실제 데이터 저장

- 자바 동적 메모리 영역
  - 힙은 동적으로 할당된 메모리 영역
  - 전역변수를 다루며 사용자가 직접 관리해야 하는 메모리 영역
  - New 연산자를 사용해 동적으로 메모리 내 힙 영역에 데이터를 할당하고 할당된 주소 값을 참조하여 사용
  - 자바 배열, 날짜, 문자열 등과 클래스, 인터페이스 등 참조형 변수의 가변 데이터는 고정된 영역의 메모리 할당 불가능
  - 힙 영역에서는 모든 Object 타입의 데이터가 할당됨
  - 힙 영역의 Object를 가리키는 참조변수가 스택에 할당됨

```
public class Test {
    public static void main(String[] args) {
        String msg = new String("sample1");
        System.out.printIn("msg="+msg);
        String msg2 = new String("sample2");
        System.out.printIn("msg2="+msg2);
    }
}
```

클래스(Class) 영역	스택(Stack) 영역	힙(Heap) 영역
자바 메서드 코드와 상수 저장	자바 프로그램의 지역 변수 저장	스택 영역의 참조형 변수의 실제 데이터 저장
main( )	msg = xxx	xxxx
	32bit 공간 할당 힙 영역의 주소값 저장	

Tip

스택(Stack)
- 스택은 리스트의 한쪽 끝으로만 자료의 삽입(Push)과 삭제(Pop)가 이루어지는 자료구조
- 스택은 마지막으로 넣은 데이터가 먼저 나오는 후입선출(LIFO; Last In First Out) 방식으로 자료 처리
- 스택의 모든 기억 공간이 꽉 채워져 있는 상태에서 데이터가 삽입되면 오버플로(Overflow)가 발생
- 삭제할 데이터가 없는 상태에서 데이터를 삭제하면 언더플로(Underflow)가 발생
- Stack 응용 분야 : 함수 호출의 순서 제어, 인터럽트의 처리, 수식 계산 및 수식 표기법, 컴파일러를 이용한 언어 번역, 부 프로그램 호출 시 복귀주소 저장, 서브루틴 호출 및 복귀주소 저장

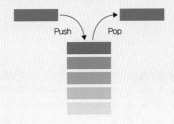

01 다음 설명에 알맞은 내용을 쓰시오.

> 가장 나중에 삽입된 자료가 가장 먼저 삭제되는 후입선출(LIFO; Last In First Out) 방식으로 자료를 처리하는 자료구조

해설
스택은 리스트의 한쪽 끝으로만 자료의 삽입(Push)과 삭제(Pop)가 이루어지는 자료구조이다. 마지막으로 넣은 데이터가 먼저 나오는 후입선출(LIFO; Last In First Out) 방식으로 자료 처리되는 것이 특징이며, 또한, 응용분야로 함수 호출의 순서 제어, 인터럽트의 처리, 수식 계산 및 수식 표기법 등이 있다.

정답 스택(Stack)

02 다음 설명에 해당하는 현상에 대해 쓰시오.

> 한정된 메모리 공간이 부족하여 메모리 안에 있는 데이터가 넘쳐 흐르는 현상

해설
오버플로는 한정된 메모리 공간이 부족하여 메모리 안에 있는 데이터가 넘쳐 흐르는 현상이다. 예를 들어 스택 오버플로(Stack Overflow)의 경우 함수는 변수 등을 저장하기 위해 스택이라는 메모리 공간을 생성하게 되고, 이 함수가 재귀적으로 계속 실행되면 스택이 점점 생겨 메모리가 모자라 오류가 발생하게 된다.

정답 오버플로(Overflow)

03 아래 설명에 해당하는 메모리 할당 영역에 대해 쓰시오.

> (   ) 영역은 사용자에 의해 메모리 공간이 동적으로 할당되고 해제된다. 런타임에 필요한 만큼의 메모리를 할당받을 수 있으나, 메모리 관리가 더 복잡해지고 할당과 해제를 개발자가 직접 관리해야 함으로써 메모리 누수의 위험이 존재 하게 된다.

해설
프로그래머에 의해 동적으로 메모리 할당되고 런 타임에 크기가 결정된다. 스택보다 큰 메모리를 할당받기 위해 사용하며 스택 보다 느리다. 힙 영역은 선입선출(FIFO; First In First Out)의 방식으로, 가장 먼저 들어온 데이터가 가장 먼저 인출되는 방식이다.

정답 힙(Heap)

| **출제 기준** |

6.2.1 객체 생성에 필요한 클래스를 정의하고 변수와 메서드를 정의할 수 있다.

기출유형 46

객체지향 개념 중 하나 이상의 유사한 객체들을 묶어 공통된 특성을 표현한 데이터 추상화를 의미하는 용어를 쓰시오.

해설
클래스는 공통된 속성과 연산(행위)을 갖는 객체의 집합으로 객체의 일반적인 타입(Type)을 의미하며, 각각의 객체들이 갖는 속성과 연산을 정의하고 있는 틀로서 객체지향 프로그램에서 데이터를 추상화하는 단위이다.

정답 클래스(Class)

족집게 과외

❶ 클래스

　㉠ 객체지향(Object-oriented) 개념
　　• 현실 세계의 개체(Entity)를 기계의 부품처럼 하나의 객체(Object)로 만들어 소프트웨어를 개발할 때에도 객체들을 조립해서 작성할 수 있는 기법
　　• 유지보수를 고려하지 않고 개발 공정에만 집중한 구조적 기법의 문제점으로 인한 소프트웨어 위기의 해결책으로 사용
　　• 복잡한 구조를 단계적 · 계층적으로 표현하며, 멀티미디어 데이터 및 병렬 처리 지원
　　• 객체지향은 현실 세계를 모형화하므로 사용자와 개발자가 쉽게 이해할 수 있음
　㉡ 객체(Object)
　　• 데이터와 데이터를 처리하는 함수를 묶어 놓은(캡슐화한) 하나의 소프트웨어 모듈
　　• new 연산자를 통해 객체 생성 시 초기화 작업을 위해 생성자 함수 실행

구분	주요 내용
데이터	• 객체가 가지고 있는 정보로 속성이나 상태, 분류 등을 나타냄 • 속성(Attribute), 상태, 변수, 상수, 자료구조라고도 함
함수	• 객체가 수행하는 기능, 객체가 갖는 데이터(속성, 상태)를 처리하는 알고리즘 • 객체의 상태를 참조, 변경하는 수단이 되는 것으로 메서드(Method, 행위), 서비스(Service), 동작(Operation), 연산이라고도 함

- 객체의 특성
  - 독립적으로 식별 가능한 이름을 가지고 있음
  - 객체가 가질 수 있는 조건을 상태(State)라고 하며 일반적으로 상태는 시간에 따라 변함
  - 객체와 객체는 상호 연관성에 의한 관계가 형성
  - 객체가 반응할 수 있는 메시지의 집합을 행위라고 하며, 객체는 행위의 특징을 나타낼 수 있음
  - 일정한 기억장소를 가지고 있음
  - 메서드는 다른 객체로부터 메시지를 받았을 때 정해진 기능 수행
- ⓒ 클래스(Class)
  - 공통된 속성과 연산(행위)을 갖는 객체의 집합, 객체의 일반적인 타입(Type)을 의미
  - 클래스에 속한 각각의 객체들이 갖는 속성과 연산을 정의하고 있는 틀
  - 클래스에 속한 각각의 객체를 인스턴스(Instance)라고 함
  - 클래스로부터 새로운 객체를 생성하는 것을 인스턴스화(Instantiation)라고 함
  - 동일 클래스에 속한 각각의 객체들은 공통된 속성과 행위를 가지고 있으면서, 그 속성에 대한 정보가 서로 달라 동일 기능을 하는 여러 가지 객체를 나타내게 됨
  - 최상위 클래스는 상위 클래스를 갖지 않는 클래스를 의미
  - 슈퍼 클래스(Super Class)는 특정 클래스의 상위(부모) 클래스를 의미하고 서브 클래스(Sub Class)는 특정 클래스의 하위(자식) 클래스를 의미
- ⓓ 변수개념과 선언 방법
  - 변수는 데이터를 저장하기 위한 메모리 공간에 대한 이름으로, 저장할 데이터의 크기를 알아야 필요한 공간을 확보할 수 있음
  - 객체지향 프로그램 언어에서는 클래스 타입을 자료형으로 사용할 수 있음
  - 최근 사용하는 언어들의 경우 메모리 공간의 크기를 계산하기 위한 용도보다는 타입을 구분하는 용도로 사용하고 있음
  - 접근 제어자
    - 변수의 접근 범위를 지정
    - public, private, protected, defalut 등 이용
  - 타입 : 자료형으로 명시적 타입을 지정한 것으로 사용할 수 있는 데이터형 선언

변수 선언 방법	접근 제어자 선언 방법
int num1 = 10; String msg = "Hello"; Member member = new Member( );	[접근 제어자] 타입 변수명

• 변수 유형

구분	주요 내용
멤버 변수 (Member Variable)	• 클래스부에 선언된 변수들로 객체의 속성에 해당 • 인스턴스 변수와 클래스 변수로 구분
인스턴스 변수 (Instance Variable)	클래스가 인스턴스될 때 초기화되는 변수로서 인스턴스를 통해서만 접근
매개 변수 (Parameter)	• 메서드에 인자로 전달되는 값을 받기 위한 변수 • 메서드 내에서는 지역 변수처럼 사용
지역 변수 (Local Variable)	• 메서드 내에서 선언된 변수 • 멤버 변수와 동일한 이름을 가질 수 있으며 지역적으로 우선일 때 사용
클래스 변수 (Class Variable)	• static으로 선언된 변수 • 인스턴스 생성 없이 클래스 이름의 변수명으로 사용 가능 • main( ) 메서드에서 참조 가능

ⓜ 메서드
• 메서드는 특정 객체의 동작이나 행위를 정의한 것으로 클래스의 주요 구성요소
• 객체의 상태를 참조하거나 변경하기 위한 수단

```
메서드 형식
[접근 제어자] 리턴 타입 메서드명([인자..]) {

}
```

– 접근 제어자: 메서드의 접근 범위를 지정
– 리턴 타입 : 함수 내에서 결과를 보내는 위치로 리턴이 없는 경우에는 void 사용

01 데이터와 데이터를 처리하는 함수를 묶어 놓은 소프트웨어 모듈을 의미하는 용어를 쓰시오.

해설
객체는 데이터와 데이터를 처리하는 함수를 묶어 놓은(캡슐화) 소프트웨어 모듈로 new 연산자를 통해 객체 생성 시 초기화 작업을 위해 생성자 함수를 실행한다.

정답 객체(Object)

02 다음 자바 객체지향 프로그래밍 작성 시 [   ]에 알맞은 연산자를 쓰시오.

```
Student obj = [   ] Student();
```

해설
new 연산자로 객체를 생성 및 선언할 수 있으며 Student 클래스 타입의 객체(인스턴스)를 생성해 주는 역할을 담당한다.

정답 new

03 객체지향 기법에서 객체가 메시지를 받아 실행해야 할 때 객체의 구체적인 연산을 의미하는 용어를 쓰시오.

해설
메서드는 객체의 상태를 참조하거나 변경하는 수단으로 객체의 연산을 정의한다. 또한, 객체가 수행하는 기능으로 객체가 갖는 데이터(속성, 상태)를 처리하는 알고리즘을 의미하며, 메서드(Method, 행위), 서비스(Service), 동작(Operation), 연산이라고도 한다.

정답 메서드(Method)

04 다음 자바로 구현된 프로그램을 분석하여 그 실행 결과를 쓰시오.

```java
class A{
        int f(int a, int b) {
                return a + b;
        }
}
public class Test {

        public static void main(String[] args) {
                A a = new A();
                System.out.println(a.f(10, 20));

        }
}
```

해설 10과 20을 인수로 a.f( ) 메서드를 호출한 후 돌려받는 값을 출력한다.

정답 30

05 다음 자바로 구현된 프로그램을 분석하여 괄호에 들어갈 알맞은 답을 쓰시오.

```java
public class Parent {
        void show() {
                System.out.println("부모");
        }
}

public class Child extends Parent {
        @Override
        void show() {
                System.out.println("자식");
        }
}

public class Test {
        public static void main(String[] args) {
                Parent pa = (     ) Child();
                pa.show();
        }
}
```

해설 객체 생성 시 초기화 작업을 위해 new 연산자를 사용하며 생성자 함수가 실행된다.

정답 new

6.2.2 다양한 접근 제어자를 이용하여 캡슐화를 통한 정보 은닉 기능을 구현할 수 있다.

기출유형 47

객체지향 기법에 관한 보기의 문장이 설명하는 것을 쓰시오.

소프트웨어 공학에서 말하는 "Information Hiding"에 해당하는 것으로서 사용자에게는 상세한 구현을 감추고 필요한 사항만 보이게 하는 것이다. 절차 언어에서 모듈을 블랙박스(Black Box)화 하는 개념과 같다고 볼 수 있다.

해설
캡슐화는 객체지향 설계에서 자료와 연산들을 함께 묶어 놓는 일로써 객체의 자료가 변조되는 것을 막으며, 그 객체의 사용자들에게 내부적인 구현의 세부적인 내용들을 은폐시키는 기능을 한다.

정답 캡슐화(Encapsulation)

족집게 과외

❶ 접근 제어자와 캡슐화

ⓐ 접근 제어자 개요
- 접근 제어자는 프로그래밍 언어에서 특정 개체를 선언할 때 외부로부터의 접근을 제한하기 위해 사용되는 예약어
- 속성과 오퍼레이션에 동일하게 적용됨

접근 제어자	표현법	내용
Public	+	어떤 클래스에서라도 접근 가능
Private	−	해당 클래스 내부에서만 접근 가능
Protected	#	동일 패키지 내의 클래스/해당 클래스를 상속받은 외부 패키지의 클래스에서 접근 가능
Package	~	동일 패키지 내부에 있는 클래스에서만 접근 가능

ⓑ 접근 제어자 특징
- 객체를 사용자가 객체 내부적으로 사용하는 변수나 메서드에 접근해 오동작을 일으킬 수 있기 때문에 객체 내부 로직을 보호하기 위해서는 사용자와 권한에 따라 외부의 접근을 허용하거나 차단해야 할 필요가 있음
- 사용자에게 객체를 조작할 수 있는 수단만을 제공함으로써 결과적으로 객체의 사용에 집중할 수 있도록 도울 수 있음
- 데이터 형을 통해 어떤 변수가 있을 때 그 변수에 어떤 데이터 형이 들어 있는지, 또 어떤 메서드가 어떤 데이터 형의 데이터를 반환하는지를 명시함으로써 사용자는 안심하고 변수와 메서드를 사용할 수 있음

접근 제어자		Private	Default (지정안함)	Protected	Public
클래스 내부		○	○	○	○
동일 패키지	하위 클래스(상속관계)	×	○	○	○
	상속받지 않은 클래스	×	○	○	○
다른 패키지	하위 클래스(상속관계)	×	×	○	○
	상속받지 않은 클래스	×	×	×	○

ⓒ 캡슐화(Encapsulation)의 개념
- 데이터(속성)와 데이터를 처리하는 함수를 하나로 묶는 것
- 캡슐화는 메서드(함수)와 데이터를 클래스 내에 선언하고 구현하며, 외부에서는 공개된 메서드의 인터페이스 만 접근 가능하게 하는 구조
- 외부에서는 비공개 데이터에 직접 접근하거나 메서드의 구현 세부를 알 수 없음
- 객체 내 데이터에 대한 보안, 보호, 외부 접근 제한 등과 같은 특성을 가지게 함
- 캡슐화된 객체는 인터페이스를 제외한 세부 내용이 은폐(정보 은닉)되어 외부에서의 접근이 제한적이기 때문에 외부 모듈의 변경으로 인한 파급효과가 낮음
- 캡슐화된 객체들은 재사용이 용이함
- 인터페이스가 단순하며, 객체 간의 결합도가 낮아짐

ⓓ 캡슐화와 정보은닉(Information Hiding)
- 캡슐화는 객체의 데이터를 부적절한 객체 접근으로부터 보호하고, 객체 자체가 데이터 접근을 통제할 수 있 게 함
- 객체의 데이터에 직접적으로 부주의하고 부정확한 변경이 발생하는 것을 방지함으로써 보다 강력하고 견고한 소프트웨어 작성에 도움이 됨
- 객체는 캡슐화를 통해 정보 은닉의 특성을 가지게 됨
- 객체들은 다른 객체들과 잘 정의된 인터페이스를 통하여 통신할 수는 있지만 다른 객체가 어떻게 구현되었는지 는 알 수 없게 됨

01 자바에서 클래스, 변수, 메서드 및 생성자에 대한 접근 수준을 설정하는 데 사용되는 것을 무엇이라고 하는가?

해설
접근 제어자는 객체지향 프로그래밍의 캡슐화 원칙을 구현하며, 클래스 내부의 데이터를 보호하고 외부에서의 무분별한 접근을 제한한다. 자바에서는 Private, Default(아무것도 지정하지 않음), Protected 그리고 Public 등 네 가지 접근 제어자를 제공하여 클래스 멤버의 접근 범위를 다르게 설정할 수 있다.

정답 접근 제어자(Access Modifiers)

02 다음 괄호 안에 들어갈 자바의 접근 제어자에 대해 쓰시오.

( ) 접근 제어자는 가장 제한적인 접근 수준을 제공한다. ( )으로 선언된 멤버는 해당 클래스 내에서만 접근 가능하며, 외부 클래스나 상속받은 클래스에서는 접근할 수 없다.

해설
Private 접근 제어자는 클래스의 내부 구현을 숨기고, 외부에서는 클래스가 제공하는 공개 인터페이스만을 통해 상호작용하도록 하기 위해 존재한다. 이는 클래스의 캡슐화를 강화하고, 데이터의 무단 변경을 방지할 수 있다.

정답 Private

03 다음 보기에서 설명하는 객체지형 설계에 대한 용어를 쓰시오.

> • 필요하지 않은 정보는 접근할 수 없도록 하여 한 모듈 또는 하부 시스템이 다른 모듈의 구현에 영향을 받지 않게 설계되는 것을 의미한다.
> • 모듈들 사이의 독립성을 유지시키는 데 도움이 된다.
> • 설계 시 IP 주소와 같은 물리적 코드, 상세 데이터 구조 등이 대상이 된다.

해설

정보은닉은 모든 객체지향 언어적 요소를 활용하여 객체에 대한 구체적인 정보를 노출시키지 않도록 하는 기법이다. 은닉화는 외부에서 객체의 속성을 함부로 접근하지 못하도록 하는 것이며, 캡슐화는 메서드 안에서 어떠한 일이 일어나고 있는지 모르게 해야 한다. 이렇듯 속성의 접근을 제어 하는 것을 은닉화, 메서드의 내부를 알지 못하도록 하는 것을 캡슐화라고 한다.

정답 정보은닉

6.2.3 클래스간 상속관계를 정의하고 메서드 오버라이딩을 실행할 수 있다.

기출유형 48

보기에서 설명하는 객체지향 개념을 쓰시오.

이미 정의되어 있는 상위 클래스(슈퍼 클래스 혹은 부모 클래스)의 메서드를 비롯한 모든 속성을 하위 클래스가 물려받는 것을 말한다.

해설

상위 클래스의 메서드와 속성을 하위 클래스가 물려받는 것을 상속(Inheritance)이라고 하며, 소프트웨어의 재사용(Reuse)을 높이는 객체지향의 기본 원칙이다.

정답 상속성(Inheritance)

족집게 과외

❶ 상속과 다형성

㉠ 상속(Inheritance)의 개념

- 상속은 기존의 객체를 그대로 유지하면서 기능을 추가하는 방법으로, 기존 객체의 수정 없이 새로운 객체가 만들어짐
- 상속은 객체지향의 재활용성을 극대화시킨 프로그래밍 기법이라고 할 수 있는 동시에 객체지향을 복잡하게 하는 주요 원인이라고도 할 수 있음
- 상속이란 새로운 클래스를 생성할 때 처음부터 새롭게 만드는 것이 아니라 기존의 클래스로부터 특성을 이어받고 추가로 필요한 특성만을 정의하는 것

㉡ 상속의 특징

- 이미 정의된 상위 클래스(부모 클래스)의 모든 속성과 연산을 하위 클래스(자식 클래스)가 물려받는 것
- 하위 클래스는 상위 클래스의 모든 속성과 연산을 자신의 클래스 내에서 즉시 자신의 속성으로 사용
- 하위 클래스는 상속받은 속성과 연산 외에 새로운 속성과 연산을 첨가하여 사용할 수 있음
- 객체와 클래스의 재사용, 즉 소프트웨어의 재사용(Reuse)을 높이는 중요한 개념
- 다중 상속(Multiple Inheritance)은 한 개의 클래스가 두 개 이상의 상위 클래스로부터 속성과 연산을 상속받는 것을 의미함

© 객체 재사용성(Reusability)
- 클래스들이 상속 관계로 얽혀 있는 것을 클래스 계층(Class Hierarchy)이라고 함
- 클래스 계층에서 위에 있는 클래스(상속을 주는 클래스)를 상위 클래스(Super Class) 또는 부모 클래스(Parent Class)라고 함
- 계층의 밑에 있는 클래스(상속을 받는 클래스)를 하위 클래스(Sub Class) 또는 자식 클래스(Child Class)라고 함
② 다형성(Polymorphism)의 개념
- 객체가 연산을 수행하게 될 때 하나의 메시지에 대해 각각의 객체(클래스)가 가지고 있는 고유한 방법(특성)으로 응답할 수 있는 능력
- 객체(클래스)들은 동일한 메서드명을 사용하며 같은 의미의 응답을 함
- 응용 프로그램 상에서 하나의 함수나 연산자가 두 개 이상의 서로 다른 클래스의 인스턴스들을 같은 클래스에 속한 인스턴스처럼 수행할 수 있도록 함
- 다형성은 서로 다른 객체가 동일한 메시지에 대하여 서로 다른 방법으로 응답할 수 있도록 하며, 함수 이름을 쉽게 기억하여 프로그램 개발에 도움을 줌
⑩ 오버로딩과 오버라이딩 비교
- 다형성은 클래스 내에 정의된 메서드나 생성자를 여러 가지 방법으로 사용하여 같은 이름, 같은 타입의 객체의 형태를 다르게 나타나도록 함
- 오버로딩(Overloading) 기능의 경우 메서드(Method)의 이름은 같지만 인수를 받는 자료형과 개수를 달리하여 여러 기능을 정의할 수 있음
- 오버라이딩(Overriding, 메서드 재정의) 기능의 경우 상위 클래스에서 정의한 메서드(Method)와 이름은 같지만 메서드 안의 실행 코드를 달리하여 자식 클래스에서 재정의해서 사용

구분	오버로딩	오버라이딩
개념	- 상속과 무관 - 하나의 클래스 안에 선언되는 여러 메서드 사이의 관계 정의	- 상속 관계 - 두 클래스 내 선언된 메서드들의 관계 정의
메서드	메서드 이름 같음	메서드 이름 같음
매개변수	데이터 타입, 개수 또는 순서를 다르게 정의	매개변수 리스트, 리턴 타입 동일
Modifier	제한 없음	같거나 더 넓을 수 있음

01 한 개의 클래스가 두 개 이상의 상위 클래스로부터 속성과 연산을 상속받는 것을 의미하는 용어는 무엇인가?

해설
다중상속(Multiple Inheritance)은 객체지향 프로그래밍에서 한 클래스가 한 번에 두 개 이상의 클래스를 상속받는 경우를 말한다.

정답 다중상속(Multiple Inheritance)

02 클래스 내에 정의된 메서드나 생성자를 같은 이름, 같은 타입의 객체의 형태를 다르게 나타나도록 하는 객체 지향의 개념을 쓰시오.

해설
다형성이란 여러 가지 형태를 가지고 있다는 의미로, 여러 형태를 받아들일 수 있는 특징을 말한다. 다형성은 현재 코드를 변경하지 않고 새로운 클래스를 쉽게 추가할 수 있게 하므로 클래스 내에 정의된 메서드나 생성자를 같은 이름, 같은 타입의 객체의 형태를 다르게 나타나도록 하는 기능이다.

정답 다형성(Ploymorphism)

03 다음 괄호 안에 적합한 객체지향 개념을 쓰시오.

> (㉠)은/는 상속과 무관하며 하나의 클래스 안에 선언되는 여러 메서드 사이에 메서드명은 같지만 매개변수의 개수나 타입을 다르게 함으로써 구현할 수 있다.
> (㉡)은/는 상속관계에 있는 두 클래스 안에 선언된 메서드들의 관계를 재정의하는 것이다.

해설
- 오버로딩(Overloading) 기능의 경우 메서드(Method)의 이름은 같지만 인수를 받는 자료형과 개수를 달리하여 여러 기능을 정의할 수 있다.
- 오버라이딩(Overriding, 메서드 재정의) 기능의 경우 상위 클래스에서 정의한 메서드(Method)와 이름은 같지만 메서드 안의 실행 코드를 달리하여 자식 클래스에서 재정의해서 사용할 수 있다.

정답 ㉠ : 오버로딩(Overloading), ㉡ : 오버라이딩(Overriding)

6.2.4 추상 클래스와 인터페이스를 이용하여 다중 상속을 구현할 수 있다.

기출유형 49

다음 괄호 안에 들어갈 알맞은 용어를 쓰시오.

( )은/는 구체 클래스에서 구현하려는 기능의 공통점만을 모은 것으로, 인스턴스 생성이 불가능하여 구체 클래스가
( )을/를 상속받아 구체화한 후 구체 클래스의 인스턴스를 생성하는 방식으로 사용한다.

해설
추상 클래스는 구체 클래스에서 구현하려는 기능들의 공통점만을 모아 추상화한 클래스이다. 인스턴스 생성이 불가능하여 구체
클래스가 추상 클래스를 상속받아 구체화한 후 구체 클래스의 인스턴스를 생성하는 방식으로 사용한다.

정답 추상 클래스

❶ 추상 클래스와 인터페이스

㉠ 추상 클래스(Abstract Class)
- 추상 클래스 개념
  - 추상 클래스는 구체 클래스(Concrete Class)에서 구현하려는 기능들의 공통점만을 모아 추상화한 클래스
  - 인스턴스 생성이 불가능하여 구체 클래스가 추상 클래스를 상속받아 구체화한 후 구체 클래스의 인스턴스를
    생성하는 방식으로 사용
- 추상 클래스 선언 방법
  - 추상 클래스는 추상 메서드를 한 개 이상 포함하는 클래스이며, 추상 메서드는 메서드의 이름만 있고 실행
    코드가 없는 메서드를 의미함
  - 각 서브 클래스에서 필요한 메서드만 정의한 채 규격만 따르게 하는 것이 클래스를 설계하고 프로그램을 개
    발하는 데 훨씬 도움이 되는 접근 방법
  - 추상 클래스를 선언할 때는 abstract라는 키워드 사용

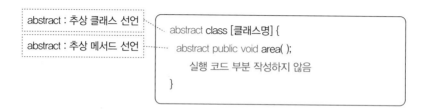

▲ 추상 클래스와 추상 메서드 선언 예시

ⓒ 인터페이스
- 인터페이스 개념
  - 인터페이스는 의미상으로 떨어져 있는 객체를 서로 연결해 주는 규격
  - 추상 클래스는 추상 메서드와 구현된 메서드를 모두 포함할 수 있지만, 인터페이스 내의 메서드는 모두 추상 메서드로 제공됨
  - 인터페이스는 실제 클래스에서 구현되는데, Implements라는 키워드를 사용

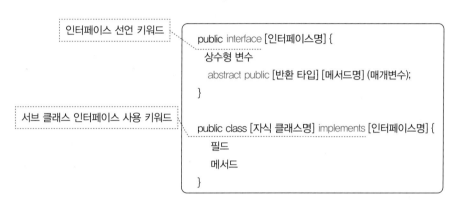

▲ 인터페이스 선언 및 구현 방법

  - 자바에서는 다중상속의 해결점으로 상속과 인터페이스 구현을 동시에 이용

01 다음 보기의 내용을 의미하는 용어를 쓰시오.

> 의미상으로 떨어져 있는 객체를 서로 연결해 주는 규격을 말하며 실제 클래스에서 Implements라는 키워드를 사용한다.

해설
인터페이스(Interface)는 다른 클래스를 작성할 때 기본이 되는 틀을 제공하면서, 다른 클래스 사이의 중간 매개 역할까지 담당하는 일종의 추상 클래스를 의미한다.

정답 인터페이스(Interface)

02 다음 보기의 내용을 의미하는 용어를 쓰시오.

> • 메서드의 이름만 있고 실행 코드가 없는 메서드
> • 자식 클래스에서 반드시 오버라이딩해야만 사용할 수 있는 메서드를 의미한다.

해설
추상 메서드는 선언부만이 존재하고 구현부는 작성되어 있지 않으며, 이는 작성되어 있지 않은 구현부를 자식 클래스에서 오버라이딩하여 사용한다. 즉, 자바에서 추상 메서드를 선언하여 사용하는 목적은 추상 메서드가 포함된 클래스를 상속받는 자식 클래스가 반드시 추상 메서드를 구현하도록 하기 위함이다.

정답 추상 메서드

03 다음 Java 프로그램의 실행 결과를 쓰시오.

```
public abstract class Parent {
        String a = "는 NCS기반 융합서비스입니다.";
        abstract void look();
        void show() {
            System.out.println("빅데이터");
        }
}

public class Child extends Parent{
        public Chicken() {
            look();
        }
        @Override
        void look() {
            System.out.println("공간정보" + a);
        }
        void display() {
            System.out.println("원격탐사");
        }
}

public class Test {
        public static void main(String[] args) {
            Parent a = new Child();
            a.show();
        }

}
```

해설
Parent 추상 클래스는 상속을 의무화하며 추상 메서드 look( )을 포함한다. Child 클래스는 Parent 클래스를 상속받는 클래스로 look( ) 메서드를 오버라이드하고 있다. Test 클래스의 Parent a = new Child( );에서 서로 다른 클래스 유형으로 객체 형변환(업캐스팅)이 일어난다. Child 클래스의 생성자를 호출하고 look( )메서드에서 "공간정보는 NCS기반 융합서비스입니다."를 출력한다. a.show( ); 메서드는 추상 클래스 Parent의 메서드를 호출하여 "빅데이터"를 출력한 후 프로그램을 종료한다.

정답
공간정보는 NCS기반 융합서비스입니다.
빅데이터

03 이벤트 처리 프로그래밍

| 출제 기준 |

6.3.1 그래픽 컴포넌트를 구성하기 위해 디자인 및 레이아웃을 이해하고 구현할 수 있다.

기출유형 50

인터페이스에 관련된 다음 설명에서 괄호 안에 들어갈 알맞은 용어를 쓰시오.

> • (㉠) : 사용자가 시스템이나 서비스를 이용하면서 느끼고 생각하게 되는 총체적인 감정 및 경험
> • (㉡) : 사용자와 시스템 간의 상호작용이 원활하게 이뤄지도록 도와주는 장치나 소프트웨어

해설
• UX는 User Experience의 약자로 사용자가 제품이나 서비스에 대해 전체적으로 느끼는 사용자 경험을 의미한다.
• UI는 User Interface의 약자로 사용자 인터페이스를 의미하며, 사용자가 제품 혹은 서비스와 시각적으로 마주하는 디자인을 의미한다.

정답 ㉠ : 사용자 경험(UX), ㉡ : 사용자 인터페이스(UI)

족집게 과외

❶ 레이아웃과 사용자 인터페이스

㉠ 레이아웃
• 개념
한 페이지에서 콘텐츠가 배치되는 방식
• 레이아웃 설계 시 고려사항
  – 관련된 콘텐츠의 명확한 그룹화
  – 웹 사이트의 목적에 따라 비중 있는 요소 우선 배치
  – 그리드는 큰 콘텐츠부터 작은 콘텐츠 순으로 구성
  – 세부적인 그리드는 시선의 이동을 고려하여 자연스럽게 이동할 수 있도록 구성
  – 메인 페이지와 일관성 있는 서브 페이지 레이아웃 구성

• 레이아웃 구성요소

구분	주요 내용
헤더(Header)	웹 페이지를 나타내는 로고 또는 타이틀 배치
네비게이션 (Navigation)	웹 페이지에서 다른 페이지로 이동할 수 있는 링크 메뉴를 구성하고 메뉴바 역할을 함
콘텐츠(Content)	웹 페이지의 주요 내용으로 구성하고 메인(Main) 영역이라고도 함
푸터(Footer)	해당 페이지의 기업 정보, 제작연도, 저작권 표시 등으로 구성

ⓛ 사용자 인터페이스(UI; User Interface)
- 사용자 인터페이스(UI)는 사용자와 시스템 간의 상호작용이 원활하게 이뤄지도록 도와주는 장치나 소프트웨어
  - 초기의 사용자 인터페이스는 단순히 사용자와 컴퓨터 간의 상호작용에만 국한
  - 점차 사용자가 수행할 작업을 구체화시키는 기능 위주로 변경되어 최근에는 정보 내용을 전달하기 위한 표현 방법으로 변경
- 사용자 인터페이스의 특징
  - 사용자의 만족도에 가장 큰 영향을 미치는 중요한 요소로, 소프트웨어 영역 중 변경이 가장 많이 발생함
  - 사용자의 편리성과 가독성을 높임으로써 작업 시간을 단축시키고 업무 이해도를 높여줌
  - 최소한의 노력으로 원하는 결과를 얻을 수 있게 함
  - 사용자 중심으로 설계되어 사용자 중심의 상호 작용이 되도록 함
  - 수행 결과의 오류를 줄임
  - 사용자의 막연한 작업 기능에 대해 구체적인 방법을 제시해 줌
  - 정보 제공자와 공급자 간의 매개 역할을 수행함
  - 사용자 인터페이스를 설계하기 위해서는 소프트웨어 아키텍처를 반드시 숙지해야 함
- 사용자 인터페이스의 세 가지 분야
  - 정보 제공과 전달을 위한 물리적 제어에 관한 분야
  - 콘텐츠의 상세적인 표현과 전체적인 구성에 관한 분야
  - 모든 사용자가 편리하고 간편하게 사용하도록 하는 기능에 관한 분야
- 사용자 인터페이스의 구분
  사용자 인터페이스는 상호작용의 수단 및 방식에 따라 다음과 같이 구분됨

구분	주요 내용
CLI (Command Line Interface)	명령과 출력이 텍스트 형태로 이뤄지는 인터페이스
GUI (Graphical User Interface)	아이콘이나 메뉴를 마우스로 선택하여 작업을 수행하는 그래픽 환경의 인터페이스
NUI (Natural User Interface)	사용자의 말이나 행동으로 기기를 조작하는 인터페이스
VUI (Voice User Interface)	사람의 음성으로 기기를 조작하는 인터페이스
OUI (Organic User Interface)	• 모든 사물과 사용자 간의 상호작용을 위한 인터페이스 • 소프트웨어가 아닌 하드웨어 분야에서 사물 인터넷, 가상현실, 증강현실, 혼합현실 등이 함께 대두되고 있음

• 사용자 인터페이스의 기본 원칙

구분	주요 내용
직관성	누구나 쉽게 이해하고 사용할 수 있어야 함
유효성	사용자의 목적을 정확하고 완벽하게 달성해야 함
학습성	비전문가라도 누구나 쉽게 배우고 익힐 수 있어야 함
유연성	사용자의 요구사항을 최대한 수용하고 실수를 최소화함

ⓒ 사용자 경험(UX; User Experience)
  • UX는 사용자가 시스템이나 서비스를 이용 시 총체적인 경험
    – 단순히 기능이나 절차상의 만족뿐만 아니라 사용자가 참여, 사용, 관찰하고 상호 교감을 통해서 알 수 있는 가치 있는 경험
    – UX는 기술을 효용성 측면에서만 보는 것이 아니라 사용자의 삶의 질을 향상시키는 하나의 방향으로 보는 새로운 개념
    – UX가 사용성, 접근성, 편의성을 중시한다면 UX는 이러한 UI를 통해 사용자가 느끼는 만족이나 감정을 중시
  • UX의 특징

구분	주요 내용
주관성(Subjectivity)	사람들의 개인적, 신체적, 인지적 특성에 따라 다름
정황성(Contextuality)	경험이 일어나는 상황 또는 주변 환경에 영향을 받음
총체성(Holistic)	개인이 느끼는 총체적인 심리적·감성적인 결과

ⓔ UI 설계 도구
  • 사용자의 요구사항에 맞게 UI의 화면 구조나 화면 배치 등을 설계할 때 사용하는 도구
  • UI 설계 도구로 작성된 결과물은 사용자의 요구사항이 실제 구현되었을 때 화면구성과 수행방식 등을 기획단계에서 미리 보여주기 위한 용도로 사용

구분	주요 내용	도구
와이어프레임 (Wireframe)	• 기획단계의 초기에 제작하는 것으로, 페이지에 대한 개략적인 레이아웃이나 UI 요소 등에 대한 뼈대를 설계 • 개발자나 디자이너 등이 레이아웃을 협의하거나 현재 진행 상태 등을 공유할 때 사용	손그림, 파워포인트, 키노트, 스케치, 일러스트, 포토샵 등
목업 (Mockup)	• 디자인, 사용 방법 설명, 평가 등을 위해 와이어프레임보다 좀 더 실제 화면과 유사하게 만든 정적인 형태의 모형 • 시간적으로만 구성 요소를 배치하는 것으로 실제로 구현되지는 않음	파워 목업, 발사믹 목업 등
스토리보드 (Story Board)	• 와이어프레임에 콘텐츠 설명, 페이지 간 이동 흐름 등을 추가한 문서 • 디자이너와 개발자가 최종적으로 참고하는 작업 지침서	파워포인트, 키노트, 스케치, Axure 등
프로토타입 (Prototype)	와이어프레임이나 스토리보드 등에 인터랙션을 적용함으로써 실제 구현된 것처럼 테스트가 가능한 동적인 형태의 모형	HTML/CSS, Axure, Flinto, 네이버 프로토나우, 카카오 오븐 등
유스케이스 (Use Case)	• 사용자 측면에서의 요구사항으로, 사용자가 원하는 목표를 달성하기 위해 수행할 내용을 기술 • 사용자의 요구사항을 빠르게 파악함으로써 프로젝트의 초기에 시스템의 기능적인 요구를 결정하고 그 결과를 다이어그램 형식으로 문서화	

ⓜ UI 설계
- UI 설계서
  - UI 설계서는 사용자의 요구사항을 바탕으로 UI 설계를 구체화하여 작성하는 문서
  - UI 설계서는 기획자, 개발자, 디자이너 등과의 원활한 의사소통을 위해 작성
  - UI 설계서 작성 순서

순서	주요 내용
UI 설계서 표지 작성	다른 문서와 혼동되지 않도록 프로젝트명 또는 시스템명을 포함하여 작성
UI 설계서 개정 이력 작성	UI 설계서가 수정될 때마다 어떤 부분이 어떻게 수정되었는지를 정리
UI 요구사항 정의서 작성	사용자의 요구사항을 확인하고 정리
시스템 구조 작성	UI 요구사항과 UI 프로토타입에 기초하여 전체 시스템의 구조를 설계
사이트맵 작성	사이트에 표시할 콘텐츠를 메뉴별로 구분하여 설계
프로세스 정의서 작성	사용자가 요구하는 프로세스들을 작업 진행 순서에 맞춰 정리
화면설계	필요한 화면을 페이지별로 설계

- UI 흐름 설계
  - UI 흐름 설계는 업무의 진행 과정이나 수행 절차에 따른 흐름을 파악하여 화면과 폼을 설계하는 단계
  - UI 흐름 설계 순서

순서	주요 내용
기능 작성	화면에 표현할 기능을 작성
입력요소 확인	화면에 표현되어야 할 기능을 확인한 후 화면에 입력할 요소를 확인
유스케이스 설계	UI 요구사항을 기반으로 내 유스케이스를 설계
기능 및 양식 확인	텍스트 박스, 콤보 박스, 라디오 박스, 체크 박스 등을 확인하고 규칙을 정의

- UI 상세 설계
  - UI 상세 설계는 UI 설계서를 바탕으로 실제 설계 및 구현을 위해 모든 화면에 대해 자세하게 설계를 진행하는 단계
  - UI 상세 설계를 할 때는 반드시 시나리오를 작성해야 함
- 시나리오 문서
  - UI 시나리오 문서는 사용자 인터페이스의 기능 구조, 대표 화면, 화면 간 인터랙션 색흐름, 다양한 상황에서의 예외 처리 등을 정리한 문서
  - 사용자가 최종 목표를 달성하기 위한 방법이 순차적으로 묘사되어 있음
  - UI 시나리오 문서의 요건

구분	주요 내용
완전성(Complete)	누락되지 않도록 최대한 상세하게 기술해야 함
일관성(Consistent)	서비스 목표, 시스템 및 사용자의 요구사항, UI 스타일 등이 모두 일관성을 유지해야 함
이해성(Understandable)	누구나 쉽게 이해할 수 있도록 설명
가독성(Readable)	표준화된 템플릿 등을 활용하여 문서를 쉽게 읽을 수 있도록 해야 함
수정 용이성(Modifiable)	시나리오의 수정이나 개선이 쉬워야 함
추적 용이성(Traceable)	변경사항은 언제, 어떤 부분이, 왜 발생했는지 쉽게 추적할 수 있어야 함

01 보기의 내용이 설명하는 UI 설계 도구를 쓰시오.

> • 디자인, 사용 방법 설명, 평가 등을 위해 실제 화면과 유사하게 만든 정적인 형태의 모형
> • 시각적으로만 구성 요소를 배치하는 것으로 일반적으로 실제로 구현되지는 않음

해설

Mockup의 사전적 의미는 실물 크기의 모형을 의미한다. 시각적으로만 배치하는 것으로 실제로 구현되지는 않는다.

정답 목업(Mockup)

02 보기의 내용이 설명하는 레이아웃 구성 요소를 쓰시오.

> • 헤더 영역은 웹 페이지를 나타내는 로고나 타이틀이 배치된다.
> • (   ) 영역은 웹 페이지의 메뉴바 같은 역할을 한다.
> • 콘텐츠 영역은 웹 페이지의 주요 내용을 표시한다.
> • 푸터 영역은 해당 페이지의 기업 정보나 제작연도, 저작권 등을 표시한다.

해설

내비게이션(Navigation)은 웹 페이지에서 다른 페이지로 이동할 수 있는 링크 메뉴를 구성하고 메뉴바 역할을 한다.

정답 내비게이션(Navigation)

03 보기의 설명을 읽고 괄호 안에 해당하는 사용자 인터페이스를 쓰시오.

> • CLI는 명령과 출력이 텍스트 형태로 이뤄지는 인터페이스
> • (　　　)는 아이콘이나 메뉴를 마우스로 선택하여 작업을 수행하는 인터페이스를 의미함

해설
GUI는 아이콘이나 메뉴를 마우스로 선택하여 작업을 수행하는 그래픽 환경의 인터페이스를 의미한다.

정답 GUI(Graphical User Interface)

04 UI 설계 원칙 중 누구나 쉽게 이해하고 사용할 수 있어야 한다는 원칙을 쓰시오.

해설
직관성 : 누구나 쉽게 이해하고 사용할 수 있어야 한다.

정답 직관성

6.3.2 그래픽 컴포넌트의 이벤트 처리 절차와 방식을 이해하고 구현할 수 있다.

기출유형 51

보기의 설명을 읽고 괄호 안에 해당하는 용어를 쓰시오.

( )은/는 사용자가 어떤 상황에 의해 일어나는 조건에 대한 상대적인 반응이다. GUI 환경에서 버튼을 클릭하거나 키 동작 시에 프로그램을 실행하게 만들어서 컴퓨터와 사용자가 상호 작용으로 발생시키는 것을 말한다.

해설
이벤트란 브라우저에서 사용자의 조작이나 환경의 변화로 벌어진 사건을 말한다.

정답 이벤트(Event)

족집게 **과외**

❶ 이벤트 처리(핸들링)

㉠ 이벤트(Event)의 정의
- 이벤트란 사용자가 어떤 상황에 의해 일어나는 조건에 대한 상대적인 반응
- GUI 환경에서 말하는 이벤트는 버튼을 클릭하거나 키 동작 시에 프로그램을 실행하게 만들어서 컴퓨터와 사용자가 상호 작용으로 발생시키는 것을 의미함

㉡ 이벤트 처리 방식
- 윈도우 프로그래밍에서는 어떤 특정 행동이 일어났을 때 프로그램이 반응하도록 하는 방식을 사용하는데 이를 이벤트 처리 방식(Event Driven Programming)이라고 함
- 사용자가 버튼을 클릭하거나 텍스트 필드에 키보드로 데이터를 입력하는 등 GUI에서 발생된 이벤트에 대해 특정 동작이 실행되게 처리하는 것을 이벤트 핸들링(Event Handling)이라고 함

㉢ 이벤트 핸들러(Event Handler)
- 특정 요소에서 발생하는 이벤트를 처리하기 위해서는 이벤트 핸들러(Event Handler)라는 함수를 작성하여 연결해야만 함
- 이벤트 핸들러가 연결된 특정 요소에서 지정된 타입의 이벤트가 발생하면 웹 브라우저는 연결된 이벤트 핸들러를 실행함

㉣ 이벤트 객체(Event Object)
- 이벤트 핸들러 함수는 이벤트 객체(Event Object)를 인수로 전달받을 수 있음
- 전달받은 이벤트 객체를 이용하여 이벤트의 성질을 결정하거나 이벤트의 기본 동작을 막을 수도 있음

㉤ 데이터베이스 트리거 이벤트
- 트리거(Trigger)는 테이블에 대한 특정 이벤트(INSERT, UPDATE, DELETE)에 반응해 자동으로 실행되는 작업을 의미함
- 데이터베이스 트리거 이벤트는 데이터베이스의 특정 데이터가 변경될 때마다 트리거 되는 일종의 백엔드 이벤트

01 보기의 내용이 설명하는 용어를 쓰시오.

> 윈도우 프로그래밍에서는 어떤 특정 행동이 일어났을 때 프로그램이 반응하도록 하는 방식을 사용하는데 이를 (   )
> 프로그래밍이라고 한다.

해설
이벤트 기반 프로그래밍은 이벤트의 발생에 의해 프로그램 흐름이 결정되는 프로그래밍 패러다임이다.

정답 이벤트 기반

02 데이터베이스 시스템에서 삽입, 갱신, 삭제 등의 이벤트가 발생할 때마다 관련 작업이 자동으로 수행되는 절차형 SQL을 무엇이라고 하는가?

해설
트리거(Trigger)는 스키마 객체의 일종으로, 데이터베이스가 미리 정해 놓은 특정 조건이 만족되거나 어떤 동작이 수행되면 자동으로 실행되도록 정의한 동작이다.

정답 트리거(Trigger)

6.3.3 구현된 UI와 클래스 파일을 효율적으로 패키징하여 실행하고 배포할 수 있다.

기출유형 52

모듈별로 생성한 실행 파일들을 묶어 배포용 설치 파일을 만드는 것을 무엇이라고 하는가?

해설

소프트웨어 패키징이란 모듈별로 생성한 실행 파일들을 묶어 배포용 설치 파일을 만드는 것이다. 소스코드는 향후 관리를 고려해 모듈화하여 패키징하며, 다양한 환경에서 소프트웨어를 손쉽게 사용할 수 있도록 일반적인 배포 형태로 패키징한다. 사용자의 편의성 및 실행 환경을 우선적으로 고려해야 하며, 따라서 개발자가 아닌 사용자 중심으로 패키징을 진행해야 한다.

정답 소프트웨어 패키징

족집게 **과외**

❶ 소프트웨어 패키징

㉠ 소프트웨어 패키징

- 일반적으로 패키징이란 관련된 것들을 하나로 묶는 것을 말함
- 소프트웨어 패키징이란 모듈별로 생성한 실행 파일들을 묶어 배포용 설치 파일을 만드는 것을 말함
- 소프트웨어 패키징 할 때는 웹, 모바일, PC 등 소프트웨어가 사용될 단말기의 종류, 윈도우, 유닉스, 안드로이드 등 소프트웨어가 실행될 운영체제의 종류, CPU, PAM 등 하드웨어의 최소사양 등을 정의하여 패키징을 수행함
- 개발자가 아니라 사용자를 중심으로 진행함
- 소스코드는 향후 관리를 고려하여 모듈화하여 패키징함

㉡ 패키징 작업 순서

구분	주요 내용
기능 식별	작성된 코드의 기능을 확인
모듈화	확인된 기능 단위로 코드들을 분류
빌드 진행	모듈 단위별로 실행 파일을 만듦
사용자 환경분석	웹, 모바일, PC 등 소프트웨어가 사용될 환경이나 운영체제, CPU, RAM 등의 화소 운영 환경을 정의
패키징 및 적용시험	• 빌드된 실행 파일들을 정의된 환경에 맞게 배포용 파일 형식으로 패키징 • 정의된 환경과 동일한 환경에서 패키징 결과를 테스팅한 후 소프트웨어에 대한 불편사항을 사용자 입장에서 확인
패키징 변경 개선	확인된 불편사항을 반영하기 위한 패키징의 변경 및 개선 진행
배포	배포 수행 시 오류가 발생하면 해당 개발자에게 전달하여 수정 요청

ⓒ 패키징 시 고려사항

- 사용자의 시스템 환경, 즉 OS, CPU, 메모리 등에 필요한 최소 환경을 정의
- UI는 시각적인 자료와 함께 제공하고 매뉴얼과 일치시켜 패키징
- 소프트웨어를 패키징해 배포한 이후, 하드웨어와 함께 관리될 수 있도록 해야 함
- 패키징의 변경 및 개선에 대한 관리를 항상 고려해야 함
- 고객의 편의성을 고려한 안정적인 배포가 중요

ⓔ 주요 배포용 파일 형식

구분	주요 내용
msi	윈도우용 패키지 형식
dmg	Mac OS용 패키지 형식
jar	java 응용 소프트웨어나 라이브러리를 배포하기 위한 패키지 형식
war	java Servlet, java Class, xml 및 웹 애플리케이션 서비스를 제공하기 위한 패키지 형식
ear	jar와 war를 묶어 하나의 애플리케이션 서비스를 제공할 수 있는 패키지 형식
apk	안드로이드용 앱 패키지 형식
ipa	iOS용 앱 패키지 형식

ⓜ 소프트웨어 패키징의 형상 관리

- 형상 관리(SCM; Software Configuration Management)는 개발 과정에서 소프트웨어의 변경 사항을 관리하기 위해 개발된 일련의 활동을 의미
- 형상 관리는 소프트웨어 개발의 전 단계에 적용되는 활동이며, 유지보수 단계에서도 수행
- 형상 관리는 소프트웨어 개발의 전체 비용을 줄이고, 개발 과정의 여러 방해 요인이 최소화되도록 보증하는 것을 목적으로 함
- 관리 항목에는 소스코드뿐만 아니라 프로젝트 계획, 분석서, 설계서, 지침서, 프로그램, 테스트 케이스가 포함됨
- 형상 관리를 통해 가시성과 추적성을 보장함으로써 소프트웨어의 생산성과 품질을 높일 수 있음
- 대표적인 형상 관리 도구 : Git, CVS, Subversion 등

구분	형상 관리 기능
형상 식별	형상 관리 대상에 이름과 관리 번호를 부여하고, 계층(Tree)구조로 구분하여 수정 및 추적이 용이하도록 하는 작업
버전 제어	소프트웨어 업그레이드나 유지보수 과정에서 생성된 다른 버전의 형상 항목을 관리하고, 이를 위해 특정 절차와 도구(Tool)를 결합시키는 작업
형상 통제 (변경관리)	식별된 형상 항목에 대한 변경 요구를 검토하여 현재의 기준선(Base Line)이 잘 반영될 수 있도록 조정하는 작업
형상 감사	기준선의 무결성을 평가하기 위해 확인, 검증, 검열 과정을 통해 공식적으로 승인하는 작업
형상 기록 (상태보고)	형상의 식별, 통제, 감사 작업의 결과를 기록 · 관리하고 보고서를 작성하는 작업

01 다음은 패키징에 필요한 작업들이다. 작업 순서에 맞게 나열하시오.

> ㄱ. 기능식별
> ㄴ. 빌드 진행
> ㄷ. 패키징 및 적용시험
> ㄹ. 사용자 환경분석
> ㅁ. 모듈화
> ㅂ. 패키징 변경 개선

해설

패키징 작업 순서

기능식별 → 모듈화 → 빌드 진행 → 사용자 환경분석 → 패키징 및 적용시험 → 패키징 변경 개선 → 배포

정답 ㄱ → ㅁ → ㄴ → ㄹ → ㄷ → ㅂ

02 보기의 설명에서 괄호 안에 들어갈 알맞은 용어를 쓰시오.

> 소프트웨어 (   )은/는 소프트웨어 개발 단계의 각 과정에서 만들어지는 프로그램, 프로그램을 설명하는 문서, 데이터 등을 관리하는 것을 말한다. 소프트웨어의 개발 과정에서 만들어지는 여러 버전들의 변경 사항을 관리하는 일련의 활동이며, 이를 지원하는 도구로 Git, SVN 등이 있다.

해설

형상 관리는 개발 과정에서 소프트웨어의 변경 사항을 관리하기 위해 개발된 일련의 활동을 의미한다.

정답 형상 관리(SCM; Software Configuration Management)

03 식별된 형상 항목에 대한 변경 요구를 검토하여 현재의 기준선(Base Line)이 잘 반영될 수 있도록 조정하는 작업을 의미하는 형상 관리 기능에 대해 쓰시오.

해설
형상 통제는 형상 항목의 형상 관리를 위해 형상통제위원회를 운영하여, 소프트웨어 변경의 요구, 평가, 승인이 이루어진다.

정답 형상 통제(변경 관리)

6.3.4 예외 개념과 발생 상황을 이해하여 프로그램 오류 발생 시 흐름 처리를 제어할 수 있다.

기출유형 53

보기의 내용이 설명하는 용어를 쓰시오.

- 오동작이나 결과에 악영향을 미칠 수 있는 실행 시간 동안에 발생한 오류
- 배열의 인덱스가 그 범위를 넘어서는 경우 발생하는 오류
- 존재하지 않는 파일을 읽으려고 하는 경우에 발생하는 오류

해설

예외(Exception)는 실행 중에 발생할 수 있는 여러 상황들을 대비한 것이므로, 문법 오류의 경우 코드가 실행조차 되지 않으므로 예외로 처리할 수 없다.

정답 예외(Exception)

족집게 과외

❶ 오류와 예외처리

  ㉠ 오류(Error)의 개념

   • 프로그램 실행 중 어떤 원인에 의해 오작동하거나 비정상 종료된 경우 이를 초래하는 원인을 프로그램 에러 또는 오류라고 함

   • Out of Memory, Stack Over Flow 등 프로그램 코드에 의해서 수습될 수 있는 심각한 오류 발생 시 프로그램이 비정상 종료됨

구분	주요 내용
구문 에러 (Syntax Error)	• 소스코드 자체의 문법적 오류로 인해 컴파일 시(실행 전) 발생하는 에러 • 프로그램 자체에서 처리할 수 있는 방법 없음 예 주로 세미콜론이 아닌 콜론을 사용, { } 중괄호 잘못 입력 등
런타임 에러 (Runtime Error)	• 문법적인 오류가 없어 컴파일 시에는 정상적으로 컴파일되지만, 프로그램을 실행하는 과정에서 오류 발생 • 개발자가 직접 오류를 확인하여 처리해야 함 예 보통 메모리의 OS 영역을 건드릴 때 발생(Null-pointer Exception)
논리 에러 (Logical Error)	문법적 오류가 아니며 컴파일 및 실행 시 정상 진행되나, 개발자가 의도한 대로 실행되지 않는 로직 상의 오류 예 논리 에러 　int a = 3, b = 9; 　int avg = a + b / 2;　　// int avg = (a + b) / 2;

ⓛ 예외와 예외 처리 개념
- 예외(Exception)는 프로그램의 정상적인 실행을 방해하는 조건이나 상태를 의미함
- 예외가 발생했을 때 프로그래머가 해당 문제에 대비해 작성해 놓은 처리 루틴을 수행하도록 하는 것을 예외 처리(Exception Handling)라고 함
- 자바에서 예외 처리는 프로그램에서 각종 타입의 예외 처리를 할 수 있게 함
- 예외 처리는 수동적으로 발생되어 처리되기보다 에러를 직접 프로그램이 처리할 수 있도록 코딩할 수 있음
- 에러 처리는 마우스 클릭이나 키 입력 같은 비동기적 에러들에 대해서는 처리할 수 없으며, 이는 인터럽트 작업 등을 통해서 수행되어야만 함
- 예외가 발생했을 때 일반적인 처리 루틴은 프로그램을 종료시키거나 로그를 남김

ⓒ 오류와 예외 차이점
- 오류는 시스템이 종료되어야 할 수준의 상황과 같이 수습할 수 없는 심각한 문제를 의미하며, 개발자가 미리 예측하여 방지할 수 없음
- 예외는 개발자가 구현한 로직에서 발생한 실수나 사용자의 영향에 의해 발생하며, 오류와 달리 개발자가 미리 예측하여 방지할 수 있기에 상황에 맞는 예외 처리 필요

ⓔ JAVA의 예외 처리 방법
- JAVA는 예외를 객체로 취급하며, 예외와 관련된 클래스를 JAVA Lang 패키지에서 제공
- JAVA에서는 try ~ catch 문을 이용해 예외를 처리함
- try 블록 코드를 수행하다가 예외가 발생하면 예외를 처리하는 catch 블록으로 이동하여 예외 처리 코드를 수행하므로, 예외가 발생한 이후의 코드는 실행되지 않음
- catch 블록에서 선언한 변수는 해당 catch 블록에서만 유효함
- try ~ catch 문 안에 또 다른 try ~ catch 문을 포함할 수 있음
- try ~ catch 문 안에서는 실행 코드가 한 줄이라도 중괄호({ })를 생략할 수 없음

예외 객체	발생 원인
ClassNotFoundException	클래스를 찾을 수 없는 경우
InterruptedIOException	입출력 처리가 중단된 경우
NoSuchMethodException	메서드를 찾지 못한 경우
FileNotFoundException	파일을 찾지 못한 경우
ArithmeticException	0으로 나누는 등의 산술연산에 대한 예외가 발생한 경우
IllegalArgumentException	잘못된 인자를 전달한 경우
NumberFormatException	숫자 형식으로 변환할 수 없는 문자열을 숫자 형식으로 변환한 경우
ArrayIndexOutOfBoundsException	배열의 범위를 벗어난 접근을 시도한 경우
NegativeArraySizeException	0보다 작은 값으로 배열의 크기를 지정한 경우
NullPointerException	Null을 가지고 있는 객체/변수를 호출할 때 발생

01 자바의 예외 처리를 설명하는 다음 괄호 안에 들어갈 적합한 용어를 쓰시오.

> • JAVA는 예외를 객체로 취급하며, 예외와 관련된 클래스를 JAVA Lang 패키지에서 제공한다.
> • JAVA에서는 (㉠) – (㉡)문을 이용해 예외를 처리한다.

해설
자바의 기본적인 예외 처리는 try 문에서 Exception 예외가 발생할 경우 catch(Exception)의 실행문을 실행한다.

정답 ㉠ : try, ㉡ : catch

02 예외가 발생했을 때 프로그래머가 해당 문제에 대비해 작성해 놓은 처리 루틴을 수행하도록 하는 것을 무엇이라고 하는가?

해설
예외 처리는 예외가 발생했을 때 프로그래머가 해당 문제에 대비해 작성해 놓은 처리 루틴을 수행하도록 하는 것이다. 예외는 개발자가 구현한 로직에서 발생한 실수나 사용자의 영향에 의해 발생하며, 오류와 달리 개발자가 미리 예측하여 방지할 수 있기 때문에 상황에 맞는 예외 처리가 필요하다.

정답 예외 처리(Exception Handling)

03 보기를 참고하여 다음 예외 발생 원인에 대한 예외 객체를 찾아 쓰시오.

발생 원인	예외 객체
파일을 찾지 못한 경우	㉠
0으로 나누는 등의 산술연산에 대한 예외가 발생한 경우	㉡
배열의 범위를 벗어난 접근을 시도한 경우	㉢
Null을 가지고 있는 객체/변수를 호출할 때 발생	㉣

가. ClassNotFoundException	나. InterruptedIOException
다. NoSuchMethodException	라. FileNotFoundException
마. ArithmeticException	바. IllegalArgumentException
사. NumberFormatException	아. ArrayIndexOutOfBoundsException
자. NegativeArraySizeException	차. NullPointerException

해설

발생 원인에 따른 자바 예외 객체는 다음과 같다.

예외 객체	발생 원인
ClassNotFoundException	클래스를 찾을 수 없는 경우
InterruptedIOException	입출력 처리가 중단된 경우
NoSuchMethodException	메서드를 찾지 못한 경우
FileNotFoundException	파일을 찾지 못한 경우
ArithmeticException	0으로 나누는 등의 산술연산에 대한 예외가 발생한 경우
IllegalArgumentException	잘못된 인자를 전달한 경우
NumberFormatException	숫자 형식으로 변환할 수 없는 문자열을 숫자 형식으로 변환
ArrayIndexOutOfBoundsException	배열의 범위를 벗어난 접근을 시도한 경우
NegativeArraySizeException	0보다 작은 값으로 배열의 크기를 지정한 경우
NullPointerException	Null을 가지고 있는 객체/변수를 호출할 때 발생

정답

㉠ : 라. FileNotFoundException
㉡ : 마. ArithmeticException
㉢ : 아. ArrayIndexOutOfBoundsException
㉣ : 차. NullPointerException

교육이란 사람이 학교에서 배운 것을
잊어버린 후에 남은 것을 말한다.

-알버트 아인슈타인-

좋은 책을 만드는 길, 독자님과 함께 하겠습니다.

2025 시대에듀 공간정보융합기능사 실기 공부 끝

초 판 발 행	2025년 02월 10일 (인쇄 2024년 12월 30일)
발 행 인	박영일
책 임 편 집	이해욱
저 자	서동조 · 주용진 · 김은경
편 집 진 행	노윤재 · 유형곤
표지디자인	김지수
편집디자인	윤아영 · 장성복
발 행 처	(주)시대고시기획
출 판 등 록	제10-1521호
주 소	서울시 마포구 큰우물로 75 [도화동 538 성지 B/D] 9F
전 화	1600-3600
팩 스	02-701-8823
홈 페 이 지	www.sdedu.co.kr
I S B N	979-11-383-8377-6 (13530)
정 가	25,000원

유튜브 선생님에게 배우는
유·선·배 시리즈!

▶ 유튜브 동영상 강의 무료 제공

체계적인 커리큘럼의 온라인 강의를
무료로 듣고 싶어!

혼자 하기는 좀 어려운데...
이해하기 쉽게 설명해줄 선생님이 없을까?

문제에 적용이 잘 안 되는데
머리에 때려 박아주는
친절한 문제집은 없을까?

그래서 시대에듀가 준비했습니다!!

나는 이렇게 합격했다

자격명: 위험물산업기사
구분: 합격수기
작성자: 배*상

나는 할수있다
69년생 50중반 직장인 입니다. 요즘
자격증을 2개 정도는 가지고 입사하는 젊은친구들에게
일을시키고 지시하는 역할이지만 정작 제자신에게 부족한점
이 많다는것을 느꼈기 때문에 자격증을 따야겠다고
결심했습니다. 처음 **합격은** 시작할때는 과연되겠
냐? 하는의문과 걱정 이 한가득이었지만
시대에듀 인강 **시대에듀** 을 우연히 접하게
되었고 잘 차려 진 밥상과 같은 커
리큘럼은 뒤늦게 시 작한 늦깍이 수험 생이었던 저를
합격의 길 로 인도해주었습니다. 직장생활을
하면서 취득했기에 더욱 기뻤습니다.
감사합니다!
♥

당신의 합격 스토리를 들려주세요.
추첨을 통해 선물을 드립니다.

QR코드 스캔하고 ▷ ▷ ▷ ▶
이벤트 참여해 푸짐한 경품받자!

베스트 리뷰	상/하반기 추천 리뷰	인터뷰 참여
갤럭시탭/ 버즈 2	상품권/ 스벅커피	백화점 상품권

합격의 공식
시대에듀